ROMAN F. SZELIGA
Erst der Spaß, dann das Vergnügen

Dr. med.
ROMAN F. SZELIGA

Erst der SPASS,
SPASS,
dann das Vergnügen

MIT EINEM LACHEN
ZUM ERFOLG

Kösel

Verlagsgruppe Random House FSC® N001967
Das für dieses Buch verwendete FSC®-zertifizierte Papier
EOS liefert Salzer Papier, St. Pölten, Austria.

4. Auflage 2015
Copyright © 2011 Kösel-Verlag, München,
in der Verlagsgruppe Random House GmbH
Umschlag: Monika Neuser
Umschlagfoto: Christian Husar
Redaktion: Silke Uhlemann, München
Druck und Bindung: CPI books GmbH, Leck
Printed in Germany ⁻
ISBN 978-3-466-30931-3

www.koesel.de

Inhalt

Vorwort

Gratuliere, Sie haben das Buch von der richtigen Seite geöffnet! Lediglich 53 Prozent der Gesamtpopulation schaffen dies beim ersten Mal. Sie sind eine Auserwählte oder ein Auserwählter. Ob Frau oder Mann, Sie sind mir total wichtig.

Und um es gleich vorab klarzustellen: Auch ich bin ein Verfechter des Gender-Mainstreaming – oder wie es im Duden so schön heißt – »der Verwirklichung der Gleichstellung von Mann und Frau unter Berücksichtigung der geschlechtsspezifischen Lebensbedingungen und Interessen«. In diesem Buch wird dennoch der Einfachheit halber die männliche Sprachform verwendet – und richtet sich doch selbstverständlich an beide Geschlechter. Liebe Leserinnen und Leser, euch beiden gilt daher meine gleichwertige große und uneingeschränkte Wertschätzung!

Hier ist es, ein Buch, nein, MEIN Buch über die wohl ernsteste Sache der Welt! Ein Buch über Humor in der Wirtschaft!

Wissenschaftliches, Bissiges, Ironisches, Freches, Praktisches und Nachdenkliches sowie viele meiner persönlichen Erlebnisse und Erfahrungen dazu lesen Sie auf den nächsten Seiten.

Kurz: Alles rund um das Thema Humor im Business finden Sie hier und heute – und auch morgen, wenn Sie heute nicht fertig werden.

Hand aufs Herz: Haben Sie vielleicht gerade nicht viel zu lachen? Im Job, im Leben, im Universum?

Oder gehören Sie vielleicht zu den Menschen, die das unsagbar große Potenzial von Humor in der Kommunikation bereits erkannt haben und noch mehr darüber erfahren möchten?

Unter Umständen sind Sie jemand, der die Energie des Humors seiner großen Erfahrung, seinem Know-how und seiner Fachkompetenz hinzufügen möchte, um noch erfolgreicher zu werden?

Vielleicht sind Sie aber auch nur ein Mensch, der dieses Buch für SICH gekauft hat. Für sich ganz allein! Um zu lachen, um zu spüren, um ernste Dinge aus der Distanz der Leichtigkeit zu betrachten, um zu wissen, wie gut ein Lächeln uns und den anderen tut.

Sie alle sind herzlich willkommen in meinem Buch!

Und – Sie stecken auch schon mittendrin!

Was bedeutet Erfolg für Sie?

Mehr zu bekommen von dem, was Sie schon haben?

Oder das, was Sie bereits haben, besser genießen zu können?

Für mich ist Erfolg, wenn man trotzdem lacht!

Für einige Menschen scheinen Kompetenz und Erfolg nicht mit Humor vereinbar zu sein. Für andere ist es wiederum wichtiger, Spaß und Freude im Job zu haben und gemocht zu werden, als erfolgreich zu sein.

Aber – was ist, wenn man Sie mag? Sie sind humorvoll UND erfolgreich? (Wohlgemerkt: und, nicht weil!) Umso besser!

Warum Humor nie Ersatz für Kompetenz, aber die beste Ergänzung ist; warum Humor das beste Gegengift zum Ernst des Lebens ist und warum Humor eines der wichtigsten emotionalen und kommunikativen Erfolgs- und Selbstmotivationsfaktoren unserer Zeit ist, erfahren Sie in diesem Buch. Humor ist meine Inspiration, meine Begeisterung, mein Leben. Ich würde mich freuen, wenn ich Sie ein wenig mit dieser Begeisterung anstecken könnte.

Das vorliegende Buch soll Sie mutig machen, Humor den Platz im Business zu geben, den er verdient hat. Es soll Ihnen Inspiration geben, hier selbst Ihr eigenes Humor-Potenzial zu entdecken oder es weiterzuentwickeln. Mein Wunsch daher an Sie: Probieren Sie das eine oder andere aus, treten Sie aus der von Distanz geprägten Business-Komfortzone und schenken Sie motivierenden Humor, eine gewinnbringende Leichtigkeit und das so wichtige herzliche Lächeln weiter. Zumindest dem Menschen, der Ihnen am nächsten steht – sich selbst.

Viel Spaß beim Lesen, Lernen, Lachen!

Allen Ernstes!

»In every job that must be done, there is an element of fun. Find this element of fun and it becomes a game.«
Mary Poppins

Hier haben Sie Platz für Ihr eigenes, ganz persönliches Vorwort.

Und widmen Sie sich dieses Buch doch selbst!

Für dieses Buch kamen keine wissenschaftlichen Theorien zu Schaden und alle verwendeten Informationen, Daten, Hinweise, Sprichwörter, Redewendungen, Metaphern, Vergleiche wurden nach Gebrauch wieder in ihrer natürlichen Umgebung artgerecht ausgesetzt und ihrer ursprünglichen Funktion zugeführt.

Einleitung

WARUM DAS BUCH SO HEISST, WIE ES HEISST ...

Vielleicht haben Sie sich bei dem Buch, das vor Ihnen liegt, vergriffen und wollten eigentlich die mit seiner charakteristischen Sprachskepsis versehene theoretische Abhandlung über die Vielseitigkeit der Humoresken Burleske des 19. Jahrhunderts von Hugo von Hoffmannsthal zu Gemüte führen ... Tja – Pech gehabt!

Aber wenn Sie jetzt schon mein erstes Buch in Händen halten, können Sie's ja auch gleich lesen. Tun Sie das aber bitte langsam – in Anlehnung an das alte Sprichwort »Zeile mit Weile«.

Und versuchen Sie es in Ihrem eigenen Interesse nicht mit Eselsohren oder Fettflecken zu verzieren. Sollten Sie nämlich bereits nach den ersten Seiten zu der Erkenntnis gelangen, dass Sie diese Publikation doch nicht einer intensiven Begutachtung unterziehen wollen, dann hätten Sie immer noch die einmalige Gelegenheit, selbige, mit einer netten Widmung versehen, unauffällig weiterzuschenken.

Alles klar? Noch Fragen?

Gut – Sie lesen weiter. Ein erstes gutes Zeichen …

Eine besondere Herausforderung (insbesondere in der Phase eines kreativen »Runs«) ist die Titelfindung für ein Buch, in dem es um Humor in der Wirtschaft geht. Zu viel sprudelt mitunter aus der gangliengesteuerten Produktionsstätte und die Entscheidung fällt wahrlich nicht leicht. Der Titel eines Buches verweist auf etwas Persönliches, Wichtiges, Originelles oder einfach etwas, das an erster Stelle – gleichsam als Motto und Fingerzeig genannt werden muss. Doch worum geht es?

Liebend gern wäre ich jetzt an Ihrer Seite und würde Sie am liebsten persönlich mit dem Thema meines Buches, MEINEM Thema insfisz ... infts ... anstecken. Auf jeden Fall sollte ein Buchtitel Emotionen wecken, neugierig machen, Lust zum Lesen erzeugen. Da Sie bis hierher gekommen sind, dürfte mir das zum Teil ja gelungen sein …

Der Titel und interessanterweise auch das ganze Buch – das hat sich so ergeben – bestehen aus vielen Worten. Das Wort ist die Basis menschlicher Kommunikation. Worte informieren, Worte schaffen Bilder, Worte erzeugen Emotionen. Worte überzeugen, Worte entscheiden über Sieg oder Niederlage. Und Worte bringen Menschen zum Lachen! Und wenn diese Worte dann noch Bilder erzeugen, und diese Bilder dann Handlungen und Ideen bei Ihnen auslösen …

Juhuuuu!

Das Wort ist die Basis menschlicher Kommunikation.

In dem vorliegenden Buch finden Sie die richtigen Worte für ein humorvolles Umdenken. Freche Worte für Ihr nächstes Meeting, pointierte Worte für Ihre nächste Präsentation, begeisternde Worte für Ihren Vortrag, kreative Worte für den Start in eine neue Firmenkultur mit Humor.

Kreieren Sie die passenden Worte für verschiedene Situationen des beruflichen Lebens. Entwickeln Sie mit diesem Buch Worte der Motivation, Worte der Gelassenheit, Worte der Freude, Worte des Lobes und verbindende Worte als Brücke der Kommunikation!

Und das Spannende daran: Für viele Bereiche in einer Beziehung brauchen wir gar keine großen Worte, da spricht unser Herz, unser Gefühl und unsere Intuition. Und auch diese Form der humorvollen Kommunikation werden Sie hier finden!

Ich werde mich übrigens wiederholen. Nicht, weil ich vergessen habe, was an anderer Stelle des Buches schon einmal Erwähnung fand, sondern weil man manche Ideen, Gedanken, philosophische Gebäude nicht oft genug lesen bzw. hören kann, um sie zu verstehen, zu spüren und zu verinnerlichen.

Ich werde mich übrigens wiederholen. Nicht, weil ich vergessen habe, was an anderer Stelle des Buches schon einmal Erwähnung fand, sondern weil man manche Ideen, Gedanken, philosophische Gebäude nicht oft genug lesen bzw. hören kann, um sie zu verstehen, zu spüren und zu verinnerlichen. ☺

Weltweit forschen etwa 2.500 renommierte Psychologen, Immunologen, Neurologen, Stressexperten u. a. auf dem interessanten Gebiet der Humorforschung. Was wir immer geahnt haben, ist jetzt wissenschaftlich bewiesen: Unsere Gesundheit hängt von unseren Gefühlen ab. Wer sein Leben mit Humor nimmt, lebt länger. Und hat so mehr Zeit zum Genießen und noch mehr Spaß am Tun.

Der amerikanische Psychologe A. Maslow sagte einmal: »Wenn die Arbeit sinnlos ist, nähert sich auch das Leben der Sinnlosigkeit.«

Und Mark Twain drückt es – positiv frei formuliert – so aus:

»Je mehr Vergnügen du an einer Arbeit hast und je mehr du dieses Vergnügen mit anderen teilst, umso besser wird die Arbeit bezahlt.«

Die Wissenschaft weiß längst, dass Humor für ein gutes Betriebsklima unabdingbar ist.

14

Wir verbringen 78 Prozent unserer Wach-Zeit im Beruf. 78 Prozent sind wir im direkten Kontakt mit Menschen. Mit Menschen, die wir seit Kurzem oder Langem kennen, die unsere Mitarbeiter, Kollegen, Kunden oder Gäste sind. WIR entscheiden, wie wir die Kommunikation gestalten können. WIR entscheiden, ob wir agieren oder nicht reagieren. Was WIR aussenden, kommt gespiegelt unverzüglich zurück. Frust erzeugt Gegenfrust, Aggression erzeugt wiederum Aggression. Jetzt das Gute daran: Es geht auch anders. Wenn wir lächeln, offen und humorvoll sind, dann steckt das ebenso an.

Wenn Sie morgens mit dem Bus oder der U-Bahn in den Job fahren, dann wissen Sie: Das Morgengrauen wird schon wissen, warum es so heißt ...

Steigen Sie doch mal mit einem gewinnenden Lächeln in den Bus ein und schenken Sie es wildfremden Menschen. Seien Sie gespannt auf die Reaktionen, die dann kommen werden. ☺

Humor ist gratis, aber nie umsonst. Nutzen Sie die Krise (Wissen Sie, wir haben nämlich gerade Krise! Und Schweinegrippe! Nur zu Ihrer Information, falls Ihnen ein paar negative Nachrichten in diesem Artikel abgegangen sind ...), um Ihre Firmenstruktur, Ihre Unternehmens- und Kommunikationskultur zu überdenken. Widerstand und Ärger zwingen uns, die Sachlage zu überdenken. Auch so werden neue Ideen und Lösungen möglich, wenn auch unter Druck.

Seien Sie mutig, trauen Sie sich, Humor bei Kunden, Partnern und Kollegen einzusetzen. Die Dosis macht's, so wie in der Medizin. Weniger ist mehr und macht Lust auf mehr! Und fangen Sie an! Morgen! Oder vielleicht heute noch! Bitten Sie lieber fünfmal um Verzeihung als einmal um Erlaubnis! Und kontern Sie gegenüber den ewigen, stets bewahrenden Anhängern der »guten alten Zeit« mit den Worten: »Was lange währt, wird auch nicht besser!«

Es gibt keinen sicheren Weg zum Erfolg, aber einen sicheren Weg zum Misserfolg: Es allen recht machen zu wollen.

HUMOR ist cooool!

Humor ist einer der meisten Suchbegriffe in Partnerbörsen! Warum wohl?

Humor in der Werbung ist eine der effizientesten Verkaufselemente! Warum wohl?

Humor in der Wirtschaft gewinnt immer mehr an kultureller Bedeutung! Warum wohl?

Drei Fragen – eine Antwort: Weil Humor verbindet, verblüfft und verkauft. Über Geschlecht, Status und Kultur hinweg. Humor ist eben die beste Ergänzung zur Kompetenz.

Vielleicht finden Sie's pathetisch, es ist aber meine Lebensphilosophie: Ich stehe jeden Morgen auf, um ein Stück meiner ehrlichen Begeisterung für das Thema weiterzugeben und dabei selbst eine tolle Zeit zu haben.

Probieren Sie's und Sie werden selbst viel Spaß daran haben: Suchen Sie sich jeden Tag einen Menschen, an dem Sie Ihre gute Laune auslassen!

Humor als Erfolgsstrategie

Sie werden lachen, es ist ernst!

»Lachen ist wie Aspirin, es wirkt nur doppelt so schnell.«

Dieses Zitat von Groucho Marx sollten sich viele Führungskräfte ins Auftragsbuch schreiben und nicht nur gerade jetzt, wenn ihnen die momentane Wirtschaftslage Kopfschmerzen bereitet.

Humor ist ein Erfolgsfaktor. Humor ist die beste Ergänzung zur Kompetenz. Humor motiviert, begeistert, verkauft. Ihre Ideen, Ihre Werte, Ihre Produkte.

Humor ist viel ansteckender als jedes Virus, egal ob es vom Vogel, Rind oder Schwein stammt. Ich muss es ja wissen, schließlich bin ich Arzt.

Als einer der Mitbegründer der CliniClowns 1991 in Österreich kenne ich auch die therapeutische Seite des begeisternden, ehrlichen und authentischen Humors. Was hier mit schwerkranken Menschen – egal ob jung oder alt – auf der emotionalen Seite möglich wird, ist beeindruckend. Doch warum müssen wir alle erst krank werden, um Humor als Lebenselixier, als legales Doping für die Seele zu akzeptieren?

Ich sage: NEIN!

»Kennen Sie jemanden, der beim Lachen einen Herzinfarkt bekommen hat? Nein?«, meint auch der Professor für Psychiatrie an der Stanford University William Fry selbstsicher, der kurz vorher noch Lachen für sehr gefährlich hielt: »Es wäre auch das erste Mal gewesen.« So viel Beweis muss reichen – ein Beweis für die Heilkraft des Lachens.

Seit mehreren Jahren lasse ich Personalverantwortliche, Führungskräfte, Marketingleute und Verkaufsmitarbeiter von großen und kleinen Unternehmen in meinen Vorträgen und Seminaren LIVE erleben, wie Humor in der richtigen Dosis fixer Bestandteil jeder Unternehmenskultur sein kann – nein, sein muss.

Statt »Nach der Arbeit das Vergnügen« muss es heißen »Mit Vergnügen in die Arbeit«.

Es geht dabei nicht um einstudierte Witze oder Schabernack am Arbeitsplatz, sondern um die grundsätzliche Einstellung, dass authentischer Humor Motivator und Problemlöser per se sein kann.

Laut einer Studie der Universität von Oklahoma entstehen in einer Humor fördernden Betriebsatmosphäre zehnmal so viele kreative Ideen wie in einer spaßbefreiten. Nutzen Sie dieses große Potenzial!

Fest steht auch, dass humorvolle Menschen leistungsfähiger, flexibler, kontaktfreudiger, erfolgreicher und gesünder sind. In Stresssituationen erweisen sie sich als deutlich belastbarer. Wenn Führungskräfte zulassen, dass in Unternehmen gelacht werden kann und darf, und dies vielleicht sogar proaktiv fördern, dann sind das entscheidende Erfolgsfaktoren und Marktvorteile gegenüber Mitbewerbern. Große Unternehmen wie Google, Red Bull, Nike oder Kodak haben das eindrucksvoll bewiesen. Humor ist somit auch die beste Basis für eine gute, produktive Stimmung. Denn gute Stimmung bedeutet gute Leistung.

Kontraproduktiv wird es, wenn man beginnt, Humor zu bewerten, zu analysieren und zu »benchmarken«! Denn dann beginnt man ihn zu vernichten, bevor er Früchte tragen kann. Anders ausgedrückt: Humor zu analysieren ist, wie einen Frosch zu sezieren. Der Einzige, der etwas davon hat, ist der Wissenschaftler, denn der Frosch ist tot.

Um Humor einzusetzen brauchen wir auch Mut. Mut, bekannte Pfade zu verlassen und Neuland zu betreten. Wir brauchen auch Mut zum Scheitern, denn nicht jeder Humorversuch wird (auf Anhieb) glücken. Dennoch muss es Motivation genug sein, die ersten Schritte zu gehen. Das Training für einen 100-Meter-Weltrekord schafft man auch nicht an einem Tag, aber es beginnt mit dem ersten Schritt.

Die gute Nachricht: Wir alle haben den ansteckenden Humor schon früh perfekt beherrscht. Denken Sie nur an das offene, herzliche und berührende Kinderlachen. Wir haben's nur leider verlernt. Dabei ist eines klar: Humor ist gratis, aber nie umsonst.

Lächeln Sie in der Früh in den Spiegel – und ich verspreche Ihnen, jemand lächelt zurück.

Oft sind es die kleinen Dinge, die Großes bewirken können: In dem vorliegenden Buch finden Sie viele Beispiele, Anregungen, Tipps und Humorideen, die Sie inspirieren sollen.

Sie finden Philosophisches, Psychologisches, Wissenschaftliches und Wissenswertes rund um das Thema Humor im Business!

Und Sie finden kreative Lösungsansätze, unorthodoxe Methoden mit Verblüffungsgarantie und Strategien mit Smile-Faktor. Außerdem witzige Ideen zum Nachdenken, Querdenken und Umdenken.

Humor ist Stresskiller, Quelle für Kreativität und Motivation zugleich. Gesteigerte Lebensfreude gibt es gratis dazu.

Humor ist die äußerste Demonstration und Freiheit des Geistes. Wahrer, ehrlicher, stimulierender Humor ist immer souverän und unantastbar. Er macht auch den Zuhörer oder Zuschauer souverän. Anders gesagt: Er macht ihn zum Menschen.

Also, wann starten Sie mit Ihrer ersten Humorinitiative in Ihrem Unternehmen? Überwinden Sie den inneren Schweinehund in Sachen Seriosität. Denn vergessen Sie bitte nicht: Das einzig Schlimme am Nichtstun ist, dass man nicht weiß, wann man fertig ist.

Ich wünsche Ihnen die gleiche Begeisterung beim Lesen, wie ich sie beim Schreiben hatte. Und vielleicht, vielleicht darf ich Sie und Ihr Team auch einmal LIVE mit meinem interaktiven Powervortrag »Humor im Business« mit vielen motivierenden (H)Aha-Erlebnissen mit Nachhaltigkeit begeistern. Denn ich bin ganz sicher: Dem motivierenden Humor in der Wirtschaft gehört die Zukunft.

Das folgende Zitat stammt von François-René Chateaubriand (ja, der mit dem Fleisch). Ich denke, damit starten wir in die begeisternde Welt des Humors:

»Ein Meister der Lebenskunst trennt nicht Arbeit und Spaß, Arbeit und Freizeit, Körper und Geist, Ausbildung und Erholung. Er vermag beides kaum zu unterscheiden. Er verfolgt einfach bei allem, was er tut, seine Vorstellung von Vortrefflichkeit und überlässt es anderen zu beurteilen, ob er arbeitet oder sich vergnügt. In seinen Augen tut er (immer) beides.«

»Humor ist, wenn man trotzdem lacht«, sagt eine bekannte Volksweisheit. Und hat damit zum Teil recht. Denn wenn Sie auch in Situationen, die Sie eigentlich ärgern, lachen können, haben Sie viel gewonnen.

Humor ist die Einstellung dem Leben gegenüber, allen Dingen ihre komische Seite abzugewinnen, das Absurde an täglichen Situationen zu entdecken und Mut zur Lächerlichkeit zu besitzen.

Wissenschaftlich lässt sich Humor nur schwer erklären. Zumindest nicht leicht in einer verständlichen, nachvollziehbaren emotionalen Form.

Feststeht: Guter Humor ist immer seriös und zeugt von höchster sozialer Kompetenz. Lachen befreit, motiviert und ist gesund – eine Erfahrung, die ich in meiner langjährigen Tätigkeit nicht nur als Arzt, sondern auch als kreativer Konzeptionist, Businesstrainer und Vortragender oft machen durfte.

Mit Humor geht vieles leichter in unserer täglichen Kommunikation. Humor verbindet, transportiert Botschaften einprägsam und nachhaltig, Humor ermöglicht es, Kritik besser anzunehmen und Stress besser zu bewältigen. Trotzdem muss wiederholt bewiesen werden, dass er seriös und logisch sein kann. Das ist ein großes Problem vieler Führungskräfte, die Angst haben, durch den Einsatz von Humor ihre Seriosität aufs Spiel zu setzen. Dass dies, wenn die Humor-Dosis stimmt, in keinster Weise der Fall ist, davon später mehr. Eines möchte ich jedoch gleich an dieser Stelle festhalten: Heiterkeit hat ihren Platz. Das Gleiche gilt für Ernsthaftigkeit, Anstand, Rücksicht und Disziplin.

Alle Menschen lachen gerne, und doch wird Humor im Arbeitsalltag manchmal »belächelt«. Humor ist jedoch nicht gleichzusetzen mit zwanghafter Heiterkeit oder dem Verdrängen ernster Situationen. Nicht umsonst gibt es das geflügelte Wort »Zuerst die Arbeit, dann das Vergnügen.« Vielleicht drehen Sie es einmal um? Und machen daraus: »Mit Vergnügen in die Arbeit!«

Klingt doch viel besser und bringt auch viel mehr.

Vorsicht: Humor ist kein Ersatz für Kompetenz, sondern nur die perfekte Ergänzung.

Woher kommt denn nun der Begriff Humor?

Er leitet sich vom lateinischen »humor« (= Feuchtigkeit, Flüssigkeit) ab. Die ursprüngliche Bedeutung des Begriffes geht auf Hippokrates – ja, das ist der, auf den wir Mediziner bei der Promotion unseren Eid leisten müssen –, den altgriechischen Arzt Galen und die mittelalterliche Medizin zurück, die meinen, dass die Temperamente der Menschen auf der unterschiedlichen Mischung der Körpersäfte (»Humores«) beruhen, also den Sekretionsverhältnissen. Ja, ja, jetzt wird's geschichtlich …

Mittlerweile hat Humor natürlich ganz andere Bedeutungen und facettenreiche Dimensionen angenommen.

So sieht der Wiener Psychologe und Humorforscher Dr. Gerhard Schwarz in dem Begriff »Humor« auch ein Übergreifen verschiedener Wissenschaften, denn auch Philosophen, Neurowissenschaftler und Historiker haben sich mit diesem Thema befasst. Eine eigene Wissenschaft, die sich mit Humor beschäftigt, hat das griechische Wort für Lachen (»gelos«) mit dem Wortbildungselement »logie« verbunden und daraus wurde Gelotologie. Lachforscher heißen also Gelotologen.

23

Was unterscheidet nun den Humor von der Komik und dem Witz?

»Witze kann man nur dann aus dem Ärmel schütteln, wenn man sie vorher hineingesteckt hat.« Rudi Carrell

Manchmal ist es nicht leicht, diese Begriffe voneinander abzugrenzen, da sie im täglichen Sprachgebrauch trotz unterschiedlicher Bedeutung oft synonym verwendet werden.

Erklärungsversuche gibt es viele: Das Komische ist als Gegensatz zum Tragischen zu sehen. Komik steht in Opposition zur Gesamtheit des Ernstes. Ernst und Komik schließen einander aus. Und alle haben Recht. Eine Definition sagt: Jede Handlung, Erzählung oder Erscheinung, die zum Lachen reizt oder zumindest ein lustvolles Wohlbehagen auslöst, ist komisch.

Guter Humor hat auf jeden Fall mit Intelligenz zu tun. Oder anders ausgedrückt: Humor bedingt Intelligenz. Humor ist somit eine Leistung des Geistes, des Verstandes. Der Witz hingegen ist ein in sich abgeschlossenes sprachliches Konstrukt, das in der Regel mit einer Pointe oder mehreren in sich schlüssigen Pointen endet.

24

Zusammengefasst: Komik ist eine Eigenschaft, die, wenn sie wahrgenommen wird, Lachen oder zumindest ein lustvolles Wohlbehagen auslöst. Humor ist eine Intelligenzleistung mit dem Ziel, komische Konstruktionen zu schaffen bzw. zu erkennen. Der Witz ist die Konkretisierung einer humoristischen Idee durch sprachliche Mittel.

Komik ist das Ziel, Humor der Plan, um das Ziel zu erreichen, und der Witz dessen Umsetzung

Verschiedene Arten von Humor

Humor wird in den verschiedenen Kulturen unterschiedlich angewendet und ruft daher eine mannigfache soziale Wirkung bei jedem einzelnen Menschen hervor. Dabei wird hier aber die jeweilige Gemütsverfassung des Empfängers nicht berücksichtigt.

Machen wir also einen kurzen Ausflug in die Definitionswelt von Humor & Co.

DER WITZ

Durchforstet man die Wikipedias dieser Welt nach Definitionen, findet man folgende Begriffsbestimmungen für den Witz: geistreicher Spaß, Scherz, humoristischer Einfall, belustigende, sehr kurz gefasste Begebenheit u.v.m. Lachen über einen Witz basiert darauf, dass Grenzen überschritten, Gesetzmäßigkeiten durchbrochen werden und Unerwartetes geschieht.

Im älteren Sprachgebrauch stand der Witz – und nun merken Sie auf! – für Verstand, Klugheit und geistreiche Schlagfertigkeit. Diesen Begriff finde ich übrigens sensationell und werde ihn sofort adoptieren.

Ein guter Witz wirkt u.a. durch seine pointierte Wortprägung, die Benutzung von Klangähnlichkeit und Vieldeutigkeit der Wörter (Wortwitz), und auch durch Kollision verschiedener Normbereiche (Situationswitz, Situationskomik).

Ein Beispiel: »Na, Herr Meyer, wie ist denn Ihr Prozess ausgegangen?« »Wie zu erwarten – die gerechte Sache hat gesiegt!« »Oh, das tut mir aber leid für Sie.«

DIE IRONIE

Die Ironie ist im übertragenen Sinn eine Art »Understatement«, um einem direkten Konflikt zu entgehen und dabei doch ein Problem anzusprechen oder es sogar auf den Punkt zu bringen. Mit der Ironie spielt nicht nur das Schicksal, sondern auch gerne so mancher Manager.

Durch Ironie (Untertreibung): »Heute nehmen wir uns mehr Zeit, damit auch unser Controller Herr Sinnhuber zu Wort kommt.« Oder: »Mein lieber Kollege, was ist los? Sie haben ja heute noch gar nichts gesagt.«

Die Wirkungsweise von Ironie ist allerdings sehr begrenzt, da sie immer auf ein Gegenüber treffen muss, das die Ironie versteht. Dies ist im Business nicht immer gegeben und kann auch seine Wirkung verfehlen. Die Gefahr bei der Anwendung von Ironie besteht nämlich darin, dass Menschen, die den ironischen Humor nicht erkennen, sich verunsichert fühlen und das Witzige am Gesagten nicht verstehen.

Die Wirkungsweise des ironischen Humors und seine Einsatzmöglichkeiten in der Wirtschaft bestehen vor allem in der Relativierung der Sachverhalte. So kann sich das Verwenden von Ironie positiv auf einen Konflikt auswirken. Dabei wird gezeigt, dass das Ausmaß des Konflikts nicht so groß ist, wie ursprünglich angenommen.

Ein Beispiel dazu, das bestimmt alle kennen: Ein Teilnehmer in einem Meeting stört durch permanenten Handy-Gebrauch. Ironisch gekontert: »Schön, dass dein Handy so gut funktioniert!« Oder: »Sagen Sie schöne Grüße von Thomas!« Oder, wenn das Handy läutet: »Können wir weitermachen oder bekommen Sie noch ein Fax?«

»Wenn ich aus meinen Fehlern lerne, müsste ich bald ein Genie sein.« Karl Krauss

Eine Form der Ironie sei jedoch jedem Menschen mehr als empfohlen: die kritische, überlegene Haltung sich selbst gegenüber – die Selbstironie. Diese bezieht sich auf humorvolle Äußerungen zur eigenen Person und ist für die Teamkommunikation ein wichtiger Aspekt: Sich selbst nicht immer allzu wichtig zu nehmen ist daher ein großes Geheimnis humorvoller Führungsarbeit, über die Sie noch viel in diesem Buch erfahren werden.

DER ZYNISMUS

Ja, wir sind's manchmal und das auch noch sehr gerne: zynisch. Immer dann, wenn mal der Ärger raus muss, tut er dies fast selbstständig mit Zynismus.

Und so funktioniert's: Aussagen werden als zynisch empfunden, wenn sie zeigen, dass auch das Gegenteil wahr sein könnte oder im konkreten Fall sogar wahr ist. Zynismus geht tiefer, ist böser, härter und erheblich stärker als Ironie oder Sarkasmus.

Beim Check-in-Schalter am Flughafen: »Den Rucksack bitte nach Mallorca, die Tasche nach Amsterdam, den Koffer nach Rom.« Stewardess: »Das geht nicht!« Fluggast: »Was heißt, das geht nicht? Letzte Woche ging's doch auch!«

Während eines Telefongesprächs mit einem verärgerten Kunden: »Wir schicken unseren besten Mann. Oder soll doch unser Chef vorbeikommen?«

Eine zynische Äußerung in der Businesskommunikation ist gewagt, weil sie besonders mit der persönlichen Interpretation und dem Gefühlszustand des Individuums spielt. Sie kann entweder als gefühllose (»Pech gehabt«) oder liebevolle Zuwendung (»Glück gehabt«) verstanden werden. Dies hängt von der jeweiligen Persönlichkeit, von momentaner Befindlichkeit, von Erfahrung und Übung sowie vom Interaktionspartner ab.

DER SARKASMUS

Auf Sarkasmus möchte ich hier nicht näher eingehen, da er meinem Verständnis nach im Business nichts verloren hat. Ich will Ihnen viel lieber ausgewählte, positive und manchmal auch ganz schön freche Subtypen des Humors näher bringen.

SCHWARZER HUMOR

... ist Widerspruch, treffend in Worte gefasst. Man erzählt Leuten Dinge oder Begebenheiten, die sie eigentlich nicht hören wollen. Trotzdem müssen sie lachen. In diese Kategorie fällt einer meiner folgenden Lieblingswitze.

Haben Sie gewusst dass die XY (Ihr Ort der Präsentation) im Vorjahr die Stadt mit den meisten Hochzeiten war? Ja, wirklich! Ich weiß nicht, wie es Ihnen geht, aber als ich 18, 19 Jahre alt war, wurde ich oft zu Hochzeiten eingeladen. Dort sind alle Großmütter und Erbtanten zu mir gekommen, haben mir auf die Schulter geklopft und gesagt:»Ha, der Nächste bist du, der Nächste bist du!« Bestimmt kennen Sie das. Das hat erst dann aufgehört, als ich das Gleiche mit ihnen bei Begräbnissen gemacht habe!

ENGLISCHER HUMOR

Englischer Humor – ich liebe ihn – ist, so die gängige Meinung, ein eher intelligenter und auf Wortwitz beruhender Humor, der manchmal dem schwarzen Humor nicht unähnlich ist. Der ermittelte Lieblingswitz der Engländer spiegelt das in feinen Nuancen wider:

Eine Frau steigt mit ihrem Baby in einen Bus. Der Busfahrer sagt: »Das ist das hässlichste Baby, das ich je gesehen habe!« Stinksauer setzt sich die Frau in den hinteren Teil des Busses und erzählt ihrem Sitznachbarn: »Der Fahrer hat mich beleidigt.« Daraufhin sagt der Mann: »Gehen Sie ruhig nach vorne und beschweren Sie sich – ich halte solange den Affen für Sie.«

UNMORALISCHER HUMOR

Unmoral und Witz schließen einander nicht aus. Ein moralisch verwerflicher Witz kann immer noch komisch sein. Eine der wichtigen sozialen Funktionen des Witzes scheint es immer gewesen zu sein, die konventionelle Moral zu empören. Im Businessalltag sehe ich hier allerdings keine Einsatzmöglichkeiten, da der unmoralische Witz Sensibilität (z.B. bezogen auf Geschlecht und Rasse) verletzen könnte. Glauben Sie mir – Sie haben's nicht nötig, im Berufsleben auf diese Form des Humors zurückzugreifen, es gibt viel bessere Möglichkeiten!

TRAGISCHER HUMOR

Der tragische Humor bedient sich einer Sprache, die wir alle verstehen, und transportiert Inhalte, die uns alle betreffen. Er lebt vom Wiedererkennungseffekt: Sie lachen über Ihren Nachbarn, Ihr Nachbar lacht über Sie. In Wirklichkeit lachen beide über sich selbst. Man macht die Menschen auf unterhaltsame Art und Weise auf einen Fehler aufmerksam. Letztlich stellt sich das Gefühl ein, dass es nicht der Fehler des anderen war, von dem die Rede ist, sondern der eigene Fehler.

PRAKTISCHER HUMOR

Hier geht es primär um kleine Handlungen und um eine direkte Reaktion auf eine Sache. Ich denke an Beispiele wie diese: Nehmen Sie eine Festplatte, die das Computerchaos in Ihrem Unternehmen ausgelöst hat, zur Besprechung mit (»So klein und macht so viel Ärger«), oder lassen Sie einen riesengroßen Stapel Papier ins Boardmeeting bringen, um schmunzelnd zu demonstrieren, was Ihr Team im letzten Monat an Arbeit geleistet hat.

SUBTILER HUMOR

Selbiger ist der fein nuancierte und differenziert ironische, humoristische sprachliche Umgang mit einer Sache oder einem Thema. Eine meiner persönlichen Lieblingssparten: die kleine feine Pointe für zwischendurch. Knackig – praktisch – gut!

Nun kennen Sie per Definition die besten und effizientesten Typen des Humors und seine unterschiedlichen Anwendungsmöglichkeiten. Was bedeutet das aber für die Praxis?

Humorvolle Menschen sind leistungsfähiger, kontaktfreudiger und erfolgreicher.

Dass Arbeit auch Spaß machen kann, ist längst nicht mehr nur der Slogan unverbesserlicher Optimisten, sondern auch in IHREM Unternehmen ein Ziel, das es umzusetzen gilt.

Humor macht die Arbeit vielleicht nicht einfacher, dafür aber angenehmer, kreativer und wohltuender. Erfolgreich ist heutzutage der, der authentische Emotionen am geschicktesten einsetzt, steuert und bedient. Humor steht hier an erster Stelle!

Vor allem in der Akquise, Präsentation und im Verkauf ist Humor das Werkzeug, um Tür und Tor zu öffnen. Charme und Ehrlichkeit in der Gesprächsanbahnung heben die Beziehung zwischen Verkäufer und Kunden auf eine andere, emotionalere Ebene. Besonders in einem sehr technischen, fachlich geprägten Umfeld haben Sie die Möglichkeit, mit Humor und Emotionen Aufmerksamkeit zu erregen, ohne die Kosten in astronomische Höhen zu treiben.

Auch in der internen Kommunikation hat Humor einen großen Stellenwert. Welches Unternehmen macht sich »Hier darf auch mal herzhaft gelacht werden« zum Leitbild? Dabei könnte man Humor so einfach in den Kommunikationsmitteln auch innerhalb des Unternehmens verankern.

Unternehmen wie Kodak, Google, Southwest Airlines, Safeway und SprintParanet, um nur einige Beispiele zu nennen, sind erfolgreiche Vorreiter, wenn es darum geht, Humor als Teil der Unternehmenskultur zu etablieren.

Ich glaube an die Worte von Charlie Rivel, dem berühmten Clown, der meinte: »Jeder Mensch ist ein Clown, aber nur wenige haben den Mut, es zu zeigen.«

Humor am Arbeitsplatz

ERSTE INPUTS, IMPULSE UND BEISPIELE

❒ Wer es versteht, Witz, pointierte Kommunikation und Humor zu analysieren, weiß besser, was in anderen vor sich geht. Insbesondere Vorträge und Präsentation gewinnen enorm durch den gezielten, wohldosierten Einsatz von Humor.

❒ Wer seinen Tag humorvoll gestaltet, betreibt eine heitere Psychohygiene, kann Konflikte entschärfen, kommt leichter auf den Punkt und schult die Eindeutigkeit seines Ausdrucks. Die eigenen Humorressourcen zu entdecken und zu verstärken, ist eines der gewinnbringendsten Aufgaben und Ziele der sozialen Kompetenz.

❒ Pointierter, kreativer und nachhaltiger Humor (z.B. in firmeninternen Pflichtlektüren) gewährleistet, dass diese auch gelesen werden.

❒ Auch in Teambuilding-Szenarien und in Situationen, in denen Konflikte ausgetragen werden, lässt sich Humor zur Klärung und Vereinfachung einsetzen.

❒ Der reflektierte Einsatz von wohldosiertem Humor kann auch die Meetingkultur verbessern: Sitzungen werden effizienter, interaktiver und machen generell mehr Spaß. (Sie müssen dann auch nicht mehr aus lauter Langeweile unter dem Tisch mit Ihrem Blackberry Ihren E-Mail-Posteingang sortieren.)

❒ Humor kann auch in persönlichen Gesprächen die Lage entspannen: Mitarbeiter kommen oft mit Angst und Vorurteilen zu solchen Terminen. Helfen Sie ihnen, diese zu überwinden und einen kreativen, produktiven Dialog zu gestalten.

❏ Humor ist der Transmitter von der Spinnerei zur Geschäftsidee! Stimmt das Humorklima, wirkt sich dies positiv auf die Produktivität aus. Manchmal entwickelt sich ein Geistesblitz in der Mittagspause zu einer zündenden Geschäftsidee. In glücklichen Einzelfällen verschafft ein guter Witz oder eine skurrile, schräge, humorvolle Idee den entscheidenden Vorteil vor der Konkurrenz.

❏ Humor lässt sich nicht verordnen.
Der zuletzt genannte Punkt macht den Haken des förderlichen Bürogelächters sichtbar: So gerne ich es als Mediziner täte: Die Wunderdroge Humor lässt sich leider nicht per Rund-Mail oder Hausordnung verordnen. Firmen könnten sich lediglich bemühen, ein »wohlwollendes, unterstützendes Klima« zu schaffen, in dem sich Menschen trauen, witzig, kreativ und humorsensibel zu sein.
Die gute Nachricht ist, Sie können ihn trainieren, diesen ganz persönlichen, authentischen Sinn für Humor und den Mut, lächelnd anders zu sein.

Sinn für das Komische verbindet.

Ralph Waldo Emerson

33

Der Unternehmensberater und Schauspieler Charles W. Metcalf, der für große Firmen wie GM, IBM, Hewlett-Packard, AT&T und Price Waterhouse seit über zehn Jahren Humor-Seminare hält, erklärt in einem »Spiegel«-Interview:

»Ich bin überzeugt, man kann Humor erlernen. Ich sehe Humor als einen Weg, mit der Absurdität der Welt umzugehen, um locker zu bleiben und nicht krank zu werden. Am Arbeitsplatz geht es hart zu. Die Menschen entspannen sich zu wenig. Wer auf Druck angespannt reagiert, wird bald so steif sein, dass er zerbricht. Am Ende steht Tod durch Überarbeitung. Da helfe ich lieber vorher. Es geht um Fähigkeiten, die den Menschen in schwierigen und schmerzlichen Situationen helfen sollen. Ich erzähle meinen Teilnehmern von

Krebspatienten, Kriegsgefangenen oder Geiseln, die ihren Sinn für Humor nutzen, um zu überleben und geistig wach zu bleiben. Es geht darum, das Absurde im Unglück und im Missgeschick zu erkennen.«

Und dann ergänzt Metcalf: »Spaß im Business ist harte Arbeit. Das Elend kommt umsonst. Die Fähigkeit, sich zu freuen, muss entwickelt werden.«

Bevor Sie sich mit diesem Gedanken auf den Weg zum nächsten Kapitel machen, um Ihr großes Ziel – besser bekannt als *die letzte Seite* – zu erreichen, möchte ich Ihnen noch etwas mitgeben:

Was wir heute tun, entscheidet darüber, wie die Welt von morgen aussieht. Humor ist einer der Schlüssel dazu!

Humor in der Präsentation

»Das menschliche Gehirn ist eine großartige Sache. Es funktioniert von der Geburt an – bis zum Zeitpunkt, wo du aufstehst, eine Rede zu halten.«
Mark Twain

Wer hat in seiner beruflichen Tätigkeit oder Funktion nicht schon mehrmals eine Präsentation vor Kollegen oder Mitarbeitern gehalten?

Wer hat von Ihnen nicht schon den Jahresbericht oder die Strategieplanung vor versammelter Mannschaft an die Leinwand werfen dürfen?

Bei Verkäufern gehört die Präsentation von neuen Produkten zum Tagesgeschäft – egal, ob dies in einem Vieraugengespräch oder am Messestand passiert.

Und Hand aufs Herz: Wer hat nicht schon selbst in Meetings oder Vorträgen gelitten, die so langweilig, alle Lebensgeister betäubend fürchterlich waren, dass selbst der Redner kurz vor dem Entschlummern zu stehen schien? Wer war nicht schon Zeuge von Vortragenden, die augenscheinlich nebenberuflich als Hypnotiseure arbeiten, so einschläfernd waren ihre Ausführungen – der ideale Anlass für 95 Prozent der Zuhörer, innerlich auf Stand-by und den Blick auf Unendlich zu schalten. Und wem ging nicht genau in diesen Momenten der Gedanke durch den Kopf: Warum tu ich mir diese Qual überhaupt an?

Ich habe die Erfahrung gemacht, dass die meisten Menschen, egal ob Frauen oder Männer, nur ungern vor andere hintreten, um einen Vortrag, eine Präsentation oder eine Rede zu halten – außer vielleicht, sie werden mit Geld dazu gezwungen. Diese Unlust spürt man von Beginn an. Sie empfinden diese Herausforderung als belastend und versuchen, sie nach Möglichkeit zu vermeiden. Wenn sie aber erleben, dass eine Präsentation mit der richtigen Einstellung und den richtigen dramaturgischen Mitteln auch viel Spaß machen kann, bauen sie ihre Ablehnung und innere Widerstände nach und nach ab. Für die meisten ist es dann nur noch ein kleiner Schritt, bis sie ihren Zuhörern auch ernste, fachliche Themen in gelöster und motivierter Verfassung und mit humorvollen Ideen aufgepeppt präsentieren.

Ein erster Tipp an dieser Stelle, wenn Lampenfieber vor einer Präsentation ein Problem für Sie ist: Kennen Sie den Trick, sich die Zuhörer in Unterwäsche vorzustellen? Das funktioniert wirklich! Der Stresspegel weicht heiterer Gelassenheit. Aus eigener Erfahrung kann ich Ihnen allerdings sagen, ==es macht schon einen großen Unterschied, wen Sie sich in Unterwäsche vorstellen==. Eventuell kann diese Technik sogar zu einem noch schnelleren Puls, vermehrter Schweißsekretion und zu hochgradiger Konzentrationsschwäche führen …

… o. k., weiter im Text!

Menschen wollen einen Nutzen aus der Zeit, die sie Ihnen schenken, generieren. Sie wollen ihr Wissen erweitern, sprich ein Stückchen intelligenter den Saal verlassen, als sie ihn betreten haben. (Übrigens: Auch die Bereicherung der sozialen Intelligenz kann ein wichtiges Ziel sein.) Und – sie wollen unterhalten werden!

Nein, keine Angst, ich will Sie nicht zum Entertainer oder Stand-Up-Comedian machen, zum Michael-Mittermeier-Double oder zum Mario Barth für Arme. Ich will Ihnen zeigen, warum Humor in der richtigen Dosis und zum richtigen Zeitpunkt auch bei »seriösen« Präsentationen sehr hilfreich sein kann, Wissen und Botschaften bei den Zuhörern nachhaltig zu verankern.

Wenn das Publikum lacht, hört es dir zu!

Die Grundregel dabei lautet: SIE müssen sich wohl fühlen, dann fühlt sich auch Ihr Publikum wohl. Das, was Sie sagen, muss authentisch wirken, die Inhalte müssen überschaubar sein (meine Softversion von: WENIGER ist MEHR) und das Timing muss passen.

Die Wissenschafter Lawrence J. Peter und Bill Dan meinen dazu: »Ein Sinn für Humor ist tiefer als Lachen, befriedigender als Comedy und lohnender als nur unterhaltsam zu sein. Menschen mit Sinn für Humor erkennen den Spaß in alltäglichen Erlebnissen. Es ist daher wichtiger, Spaß zu haben, als spaßig zu sein. Dann kommt der Spaß für andere von ganz alleine!«

Ich erzähle Ihnen in diesem Zusammenhang eine Geschichte, die mich sehr geprägt hat: Es ist jetzt über zwölf Jahre her, da nahm ich in meiner Funktion als Internist mit Schwerpunkt Diabetes bei einem großen Fachkongress in Montreux mit weit über 2.700 Teilnehmern teil.

Da ich, wie einige Kollegen auch, am Vortrag noch etwas länger eine wissenschaftliche Diskussion in einer Diskothek genossen hatte, kam ich etwa 15 Minuten nach Beginn der Morgensession. Die erste Präsentation hatte schon begonnen und ich setzte mich unauffällig im Halbdunkel des riesigen Kongresssaals in die 40. Reihe, sicherlich auch mit dem Ziel, hier unbemerkt meinen in der Nacht verabsäumten Schönheitsschlaf ein wenig nachzuholen. Ich erinnere mich noch genau! Ein japanischer Kollege präsentierte per Overheadfolien und in einem extrem schlechten Englisch langweilige Studiendaten der Universität Osaka. Ich traue mich zu behaupten: 85 Prozent der anwesenden Ärzte – und es waren viele da – schliefen oder dösten entspannt vor sich hin.

Nach Beendigung dieses wahrlich beeindruckenden Vortrags kündigt der Vorsitzende den nächsten Redner, einen Kollegen aus Texas, an.

Plötzlich erklingt Wild-West-Musik aus den Lautsprechern. Neugierige Köpfe heben sich, die meisten Kollegen wachen auf, richten ihre ganze Aufmerksamkeit auf die Bühne. Es erscheint ein etwa 50-jähriger, 170 cm großer und 120 kg schwererer Mann mit riesigem

Cowboyhut, auf einem Holzpferd reitend, auf der Bühne. Ich schwöre Ihnen, zu diesem Zeitpunkt schlief niemand mehr im Saal!

Der Reiter galoppiert zur rechten Bühnenkante, lehnt dort sein Holzpferd an und wirft seinen Cowboyhut quer über das Podium. Letzterer segelt und segelt und segelt, um dann spektakulär auf einem zehn Meter entfernten Kleiderständer zu landen! 2.700 Ärzte aus der ganzen Welt spenden tosenden Applaus, ich wiederhole: tosenden Applaus, obwohl der Kollege bis dato keinen einzigen fachlichen, wissenschaftlich fundierten Satz gesagt hat.

Sein Fachthema war »Peaks and Valleys« (Peaks = »Spitzen« = zu hoher Blutzucker, Valleys = »Täler« = zu niedriger Blutzucker), also wichtige Risikobereiche in der Diabetestherapie. Sein Vortrag dauerte exakt 17 Minuten. Nach jeder dritten, vierten Folie machte er etwas Besonderes oder Unerwartetes. So unterbrach er sich selbst und damit seinen Vortrag mit der Aussage:

»Liebe Kollegen, ich muss jetzt kurz unterbrechen, ich habe Heimweh. Texas ist doch ein ganz schönes Stück von Montreux entfernt – darf ich Ihnen kurz meine Familie und mein Zuhause zeigen?«

Die Antwort nicht abwartend, blendete er unter Schmunzeln der 2.700 Teilnehmer die nächste Folie ein. Auf dieser sah man ihn mit Familie (Ehefrau, drei Kinder, zwei Hunde) stolz vor seiner Ranch stehen, dahinter ein beeindruckendes Bergpanorama. Und genau über diese Berge (»Peaks«) fand er genial zurück in seine Vortragsinszenierung.

Nach zwei ähnlichen (M)unterbrechungen an strategisch wichtigen Stellen, wo es wieder notwendig war, die volle Aufmerksamkeit der Zuhörer zu bekommen, beendete er nach klarer Formulierung seiner drei Kernbotschaften seinen Vortrag, setzte den Cowboy-Hut auf, nahm sein Holzpferd und ritt von der Bühne.

Standing Ovations. Der Saal tobte, die Leute johlten, sein Konzept war voll aufgegangen. Ich wollte nicht in der Haut des nachfolgenden Redners stecken.

Nun, geneigte Leserin, geneigter Leser, wenn Sie jetzt der Meinung sind, dass dieser Texaner vielleicht ein Profi-Clown oder ein zur Belustigung aller eingesetzter Schauspieler war, so muss ich Sie enttäuschen. Dieser Mann war zweifach habilitierter Professor und leitete eine der größten Diabeteszentren der USA. Seine Publikationen zählen zu den besten der Welt, und er galt damals als einer der renommiertesten, internationalen Experten.

Natürlich gab es besonders von einigen arrivierten, älteren europäischen Professoren Ressentiments, doch der Großteil der Kollegen zeigte sich auch beim anschließenden Dinner noch hochbegeistert. Der texanische Wissenschaftler konnte sich den vielen Glückwünschen kaum entziehen, und die allgemeine Stimmung war so gut wie selten zuvor auf einem Kongress.

Das Spannende dabei: Ich kann mich bis heute so gut an seine fachlichen Tipps und seine Kernbotschaften erinnern, als wäre es gestern gewesen.

Achtung! Diese Geschichte soll jetzt für Sie nicht die versteckte Aufforderung sein!

Diese originelle Inszenierung war maßgeschneidert und zweifelsohne nur durch diesen einzigen Menschen authentisch umsetzbar. Jeder andere würde mit Sicherheit katastrophal scheitern. Was das Beispiel aber sehr wohl zeigt, ist, dass sich Fachkompetenz, eine humorvolle Präsentation und klare Botschaften nicht ausschließen müssen, sondern sich, wie in diesem Fall, genial ergänzen können. Derartige Inszenierungen garantieren vor allem auch Nachhaltigkeit.

Ich bin überzeugt, dass jeder von Ihnen auch das eine oder andere Besondere, Außergewöhnliche besitzt, vielleicht ein spezielles Hobby oder eine ungewöhnliche Fähigkeit, mit dem Sie Ihr Spezialthema kreativ und humorvoll bereichern können, ohne lächerlich zu wirken. Wichtig sind Authentizität, die richtige Dosis und auch ein Quäntchen Mut, anders als die anderen zu sein und etwas verändern zu wollen.

Ich möchte Ihnen dazu noch ein paar weitere Beispiele als Impuls mit auf den Weg geben. Vor einigen Jahren habe ich im Rahmen eines Präsentationstrainings das Hobby eines Neurologen, nämlich alte Modelleisenbahnen zu sammeln, geschickt und dezent in seinen sonst sehr theoretischen Fachvortrag integriert. Sie hätten die unterschiedlichen Phasen der Präsentation erleben sollen: Immer, wenn sein geliebtes Hobby eine Rolle im Vortrag spielte, wurde seine Stimme lauter, Dynamik, Präsenz und Begeisterung waren signifikant höher als bei den unemotionalen Daten-, Zahlen- und Faktenblöcken.

Den Direktor einer Versicherungsgesellschaft konnten wir überzeugen, humorvolle Geschichten aus dem Büroalltag in seine Präsentation einzubauen und damit standardisierte Wege des Vortrags zu verlassen. Nebenbei konnten zudem 30 Prozent seines Folienmaterials eingespart werden.

Sicherheit und Mut des Direktors wuchsen von Vortrag zu Vortrag. Heute präsentiert er selbstsicher nahezu ohne Folien, dafür mit viel mehr Witz, Esprit und Attraktivität für seine Zuhörer. Die wichtigsten Aussagen bleiben dabei keineswegs auf der Strecke. Eine gute Vorbereitung macht es möglich.

Zum Schluss noch ein Beispiel aus dem medizinischen Wissenstransfer: Ein arrivierter, älterer Kardiologe integrierte seine Begeisterung für den Marathonlauf pointiert in seine Vorträge, hob sie dadurch auf ein höheres Level und behielt trotzdem seine Kompetenz. Nebenbei bemerkt: Sein Vortragsentgelt stieg von Mal zu Mal.

Du kannst andere Menschen nur begeistern und anzünden, wenn es in dir selbst brennt!

Humor funktioniert nicht nur im Fortbildungsbereich, sondern auch im Schul- oder Hochschulwesen, wenn man dabei einige Spielregeln beherzigt. Lehrer, die Humor zur Wissensvermittlung einsetzen, können das sicherlich bestätigen.

Schüler und Studenten erinnern sich viel eher an Inhalt und Thema einer Vorlesung, wenn diese mit Witz und Kreativität gewürzt ist. Psychologen haben herausgefunden, dass Studenten, die Vorlesungen mit jenem zitierten Witz und Esprit genossen und so das vermittelte Wissen intensiver aufgenommen haben, um 15 Prozent bessere Arbeiten schrieben und Prüfungen absolvierten.

Mein lieber Freund Rudi Heuer, ein hervorragender Zauberkünstler und nebenbei Universitätsprofessor an der Technischen Universität Wien, geht seit Jahren diesen erfolgreichen Weg des selektiven Hochschulinfotainments. Ich habe ihn gebeten, seine Erfahrungen im Bereich Humor und Lernen ein bisschen näher auszuführen:

»Lehrende an Universitäten sind nur selten mit disziplinären Problemen konfrontiert, da die Studierenden freiwillig die Lehrveranstaltungen besuchen, bei vielen davon besteht auch keine Anwesenheitspflicht. Vielmehr ist man gefordert, die Hörerinnen und Hörer für sein Unterrichtsfach zu begeistern und sie nicht im Laufe des fortschreitenden Semesters zu ›vertreiben‹.

In meinem Fall betrifft dies Studierende des Bauingenieurwesens an der Technischen Universität Wien, wo ich die Grundlagenfächer Mechanik (Statik und Dynamik) und Einführungsseminare in Ingenieurmathematik und Physik unterrichte. Da es sich dabei nicht um einfache ›Wald- und Wiesenthemen‹ handelt, ist die Herausforderung in Sachen Studentenmotivation besonders groß.

Im Laufe meiner über 20-jährigen Lehrtätigkeit haben sich für mich drei unverzichtbare Eckpfeiler als Erfolgsgarant herauskristallisiert: Sorgfältige fachliche Vorbereitung, damit die fachliche Kompetenz nicht in Frage gestellt wird (Letztere wird laufend von kritischen Hörern hinterfragt). Einlegen von ›fachlichen Kunstpausen‹ in einer Vorlesung, während dieser mit den Studierenden allgemeine (z.B. organisatorische) Themen und Probleme des Studiums diskutiert werden; dies verringert die anfänglich herrschende Distanz zwischen Professor und Student.

Für den Einsatz von Humor im Hörsaal habe ich mir dafür folgende Richtlinien in passender Art und Dosierung erarbeitet:

(a) Wo es passt, zum Beispiel, wenn ich mich an der Tafel verschreibe, scherze ich über MICH SELBST; eine kleine sarkastische Bemerkung über den von MIR getätigten Schreibfehler kommt dabei immer gut an (siehe auch Selbstironie).

(b) Über Fehler, die von Studierenden gemacht werden, scherze ich nicht; dies würde sicher von vielen als überheblich interpretiert werden, wenn auch manche mit Schadenfreude reagieren würden.

(c) Ich mache mich auch nicht über Kollegen anderer Fachbereiche lustig, die etwa viel dankbarere Fächer unterrichten als Mathematik und Mechanik.

(d) Humorvolle Bemerkungen über das eigene Fachgebiet sind mir aber stets willkommen, da man damit indirekt transportiert, seine ›eigene Welt‹ nicht immer zu ernst zu nehmen. Dafür eignen sich kurze Anekdoten, von denen ich abschließend exemplarisch eine aus dem Gebiet der Mathematik schildern möchte.

Zwei befreundete Ballonfahrer unternehmen eine längere Reise hoch in den Lüften. Nach einiger Zeit durchqueren sie dichte Nebelwolken, aber als sie endlich wieder den Boden weit unter sich erkennen können, haben sie ihre Orientierung total verloren. Gott sei Dank entdecken Sie bald einen Spaziergänger auf dem unter ihnen befindlichen Feld. Einer der Ballonfahrer ruft sofort lautstark hinunter: ›Bitte, können Sie uns sagen, wo wir uns hier befinden?‹ Darauf blickt der Spaziergänger nach oben, denkt einige Zeit nach und antwortet schließlich: ›Sie befinden sich in einem Fesselballon!‹ Die Antwort ärgert einen der Ballonfahrer, der andere versucht ihn aber zu beruhigen: ›Das ist eben ein typischer Mathematiker! Warum? Erstens hat er vor seiner Antwort pausiert, um nachzudenken. Zweitens war seine Antwort hundertprozentig korrekt. Und drittens kann man mit seiner Antwort gar nichts anfangen.‹«

TIPPS FÜR PRÄSENTATION & VORTRAG

»Alles, was Sie vor anderen sagen, kann gegen Sie verwendet werden.« Wenn Sie Ihr Auditorium aber für sich gewinnen wollen, gilt es, ein paar einfache Regeln zu befolgen. Die erste ist gleich eine der wichtigsten:

Regel 1

❐ »Niemand plant zu versagen, aber die meisten versagen beim Planen.«

Die Zeit, die Sie sich für die Vorbereitung eines Vortrags oder eines Meetings nehmen, sparen Sie an anderer Stelle mit Sicherheit wieder ein.

Regel 2

❐ »Drücken Sie sich klar, einfach und konkret aus.«

Schon der Philosoph Artur Schopenhauer brachte es auf den Punkt: »Man nehme einfache Worte und sage komplizierte Dinge!« Dazu gibt es nicht mehr zu sagen.

Alles klar? – Doch nicht? Dann habe ich ein paar humorvolle Beispiele verständlicher Kommunikation unter dem Motto »Warum einfach, wenn's kompliziert auch geht!« für sie parat.

❐ »Sie wissen ja, ich bin kein Freund von großen Worten, aber ich möchte nun das, was ich schon immer mal sagen wollte, aber aus irgendwelchen Gründen doch nie ausdrücken konnte, nicht weil keine Gelegenheit dazu war, sondern weil einfach kein geeigneter Moment gefunden werden konnte, und ... nun ja, Sie wissen ja, was ich meine, jedenfalls sei es heute kurz, klar, deutlich und unmissverständlich ausgesprochen – Dinge dieser Art werden heutzutage ja überhaupt viel zu selten gesagt, und was bleibt, sind dann leichte Andeutungen, die man dann irgendwie zu interpretieren hat, und ... nun, ich glaube, Sie verstehen mich, ja?«

❐ »Eine Emission energiereicher Strahlungsquanten seitens des Zentralgestirns des Solarsystems manifestiert sich exterritorial.«
(Draußen scheint die Sonne.)

❐ »Repetition konsekutiver Transporte zu einer artifiziell konstruierten subterranen Nasszelle impliziert das Potenzial zur Destabilisierung der physischen Struktur des utilisierten irdenen Gefäßes.«
(Der Krug geht so lange zum Brunnen, bis er bricht.)

❐ »Die oral durchgeführte visuelle Inspektion eines unter Verzicht auf Rückfluss des adäquaten Wertes transferierten unpaarhufigen Mammaloiden der Gattung Equus konterkariert die kulturellen Konventionen des sozialen Umfeldes.«
(Einem geschenkten Gaul schaut man nicht ins Maul.)

❐ »Der Agrarökonom verweigert die Zuführung nicht identifizierter Substanzen zu Nahrungszwecken.«
(Was der Bauer nicht kennt, isst er nicht.)

44

❐ »Chronologisch primäre Ankunft bei einer Verarbeitungsanlage für cereale Agrarprodukte impliziert das primäre Recht zu deren Transformation.«
(Wer zuerst kommt, mahlt zuerst.)

❐ »Aus der Anlage einer artifiziellen geologischen Absenkung signifikanten Volumens resultiert ein gravitationsbedingter Transfer in deren Inneres.«
(Wer anderen eine Grube gräbt, fällt selbst hinein.)

❐ »Visuelle Wahrnehmung ohne Einsatz der Graustufenrezeption.«
(Alles schwarz-weiß sehen.)

❏ »Insassen von Domizilen mit transparenter, fragiler Außenstruktur sollten davon Abstand nehmen, feste Materie zu Wurfgeschossen umzufunktionieren.«

(Wer im Glashaus sitzt, …)

Wenn Sie nun glauben, werte Leserin, werter Leser, dass diese pointierten schwer verständlichen Umschreibungen in der harten Businessrealität nicht vorkommen, sondern nur konstruierte Pointen sind, dann lesen Sie doch bitte hier den im Internet gefundenen und mit freundlicher Genehmigung von Dr. Geert Teunis veröffentlicht Auszug des Redeprotokolls der Hauptversammlung der Volkswagen AG am 3. Mai 2006 in Hamburg.

Vors. Prof. Dr. Piëch: »Ich bitte Herrn Dr. Teunis, Braunschweig, ans Pult.«

Dr. Teunis: »Herr Vorsitzender! Sehr geehrte Damen und Herren! Ich vertrete eigene Aktien.

Bei erfolgreicher Werbung für Automobile ist das Wichtigste die Interaktion von Sprache und Bild. Allerhöchste Priorität muss der Verständlichkeit und Eingängigkeit der Botschaft zukommen. Bei Volkswagen wird dieser werbepsychologische Grundsatz seit Jahren verletzt, und zwar dadurch, dass für Produkt- und Funktionsbeschreibungen zunehmend englische Bezeichnungen und Kunstworte Verwendung finden. (Beifall)

Ich habe vor einigen Monaten einen Passat bestellt und dabei erfahren, dass man fundierte Englischkenntnisse braucht, um alles zu verstehen, was angeboten wird.

Bei der Ausstattung kann man wählen zwischen Trendline, Highline, Sportline und Comfortline.

Bei den Motoren gibt es u.a. TDI und FSI. Was ›FSI‹ bedeutet, weiß der Berater nicht genau; es heiße wohl ›Full Selected Injection‹ oder so. In Wirklichkeit heißt es natürlich ›Fuel Stratified Injection‹.

Es gibt weiterhin den FSI 4MOTION. Meine Nachfrage nach der Bedeutung von ›4MOTION‹ lautet: ›Das ist doch klar: unser Allradantrieb!‹ Der Berater weiß nicht, dass die korrekte Übersetzung für Allradantrieb ›Four wheel drive‹ ist. ›4MOTION‹ ist eine grammatikalische Unmöglichkeit und stellt eine böse Verstümmelung der englischen Sprache dar. Denn ›Motion‹ für Bewegung kann morphosyntaktisch nicht mit einer Zahl kombiniert werden. Im Englischen ist das genau so unmöglich, wie es ›4Bewegung‹ im Deutschen wäre.

Bei den Farben ist es so bunt, dass es mir wegen der vielen englischen Qualifizierungen einfach zu bunt wird, bei denen man sich offenbar nicht die Mühe gemacht hat, nach deutschen Äquivalenten zu suchen. Ich darf wählen aus Candy-Weiß, Granite Green, Arctic Blue Silver, Wheat Beige, Shadow Blue, United Silver usw.

Gibt es wirklich keine treffenden deutschen Namen für unser deutsches Produkt? Wo bleibt die Kreativität unserer Werbeabteilung? (Beifall)

Darüber hinaus bietet die Volkswagen Individual GmbH ein individuelles Designpaket aus Sensitive-Leder, in Snow Beige und Türinserts in zeitlosem Design.

Und dann zum Entertainment: Ich darf bestellen: Multimedia-Kit, PhatBox und Rear-Seat-Entertainment-Geräte.

Bei all den englischen Vokabeln, die ich höre und lese, frage ich mich: Ist das eine Beratung für einen deutschen Kunden oder einen englischen Kunden?

Nun fahre ich ihn, den Passat, und muss mich zurechtfinden mit Bezeichnungen wie TIM für Traffic Information System, TMC für Traffic Message Channel, EPC für Electronic Power Control, ACC für Adaptive Cruise Control, mit MUTE, DEST, NAV, MAP, Scan und Autostore, mit Autohold, Reset, SPEED, CANCEL, (Heiterkeit und Beifall) mit KESSY für Keyless Entry Start Exit System. – Es ist ein Graus, meine Damen und Herren! (Beifall)

Es gibt nicht nur die unverständlichen Abkürzungen, sondern unter dem Navigationssystem prangt ein Satz: PASSENGER AIR BAG OFF. – Zu Deutsch, frei übersetzt: Passagier Luft Sack aus. (Heiterkeit)

Ohne Englischkenntnisse und intensives Studium des Bordbuches kommt man nicht mehr zurecht!

Warum steht auf dem Zündschloss der Schriftzug »ENGINE Start/

Stop«? Es ging doch Jahrzehnte ohne diesen völlig überflüssigen und unverständlichen Hinweis!

Nach der Übergabe des Fahrzeugs war früher der Kundendienst für mich zuständig. Nun ist er umbenannt worden in After Sales Service. (Heiterkeit)

Das ist absolut nicht einzusehen. Das ist nicht nur rücksichtslos, sondern es erscheint mir auch verkaufsstrategisch gesehen als dumm, so mit deutscher Kundschaft umzugehen. (Beifall)

Ich empfehle, sich ein Beispiel an McDonald's zu nehmen. McDonald's hat in Deutschland bis vor gut einem Jahr mit ›Every time a good time‹ geworben. Eine Marktanalyse ergab, dass dieser Werbespruch von der Bevölkerung nicht verstanden wurde. McDonald's hat seinen Werbespruch geändert in ›Ich liebe es!‹. (Heiterkeit und Beifall)

Aus demselben Grund hat auch unsere Konzerntochter Audi umgeschwenkt von ›Driven by Instinct‹ auf ›Pur und faszinierend‹.

Herr Dr. Bernhard, auch Ihre Mitarbeiter in der Produktion verstehen nur unzulänglich Englisch. Sie haben trotzdem vier ›Product Units‹ – abgekürzt PUs – für vier selbstständig wirtschaftende Einheiten eingeführt. Es sind dies die PU A-Klasse, die PU Presswerk, die PU Trim und die PU Fahrsysteme – ein schönes Mischmasch aus Deutsch und Englisch!

Gemeint sind aber offensichtlich gar nicht ›Product Units‹, sondern ›Production Units‹. Abgesehen von diesem Fehler empfehle ich, die jetzt von Ihnen eingeführte Bezeichnung ›Product Unit‹ wieder zurückzunehmen. Die bisher gebräuchliche ›Fertigung‹ kann genau so wirtschaftlich arbeiten wie eine ›Product Unit‹. (Beifall)

Meine Damen und Herren, wenn der Kunde nachhaltig an Volkswagen gebunden werden soll, muss die Sprache stimmen. Die ist für deutsch Sprechende nun mal Deutsch und kein deutsch-englisches Mischmasch. (Beifall)

Außerdem hat jeder das Recht, nicht Englisch zu können. (Beifall)

Herr Dr. Pischetsrieder, ich habe abschließend zwei Fragen und einen Vorschlag. Meine erste Frage: Beabsichtigen Sie, im deutschen Volkswagen Konzern, der bereits seit Jahrzehnten global agiert, jetzt zunehmend englische Bezeichnungen einzuführen, insbesondere auch dann, wenn es gute deutsche Wörter gibt? Meine zweite Frage: Ist schon einmal geprüft worden, welche Haftungsrisiken bestehen, falls ein des Englischen nicht mächtiger Kunde den im Zweifel lebenswichtigen Warnhinweis ›PASSENGER AIR BAG OFF‹ nicht berücksichtigen konnte?

Und nun mein Vorschlag: Herr Dr. Pischetsrieder, Sie haben vor gut einem Jahr einen neuen Namen für unseren deutschen Volkswagen Konzern gesucht, um eine Abgrenzung zu Volkswagen Aktiengesellschaft zu erreichen. Ich habe auf der letzten Hauptversammlung ›People's Wagon Group‹ vorgeschlagen. Dieser Vorschlag wurde abgelehnt.« (Beifall)

Dr. Pischetsrieder, Vorsitzender des Vorstands: »Das müsste doch ganz in Ihrem Sinn gewesen sein, Herr Teunis!« (Heiterkeit)

Dr. Teunis: »Ich versuche es heute mit einem anderen Vorschlag. Falls Sie eine englische Bezeichnung für unseren Betriebsrat suchen sollten, ich habe ein Angebot: ›Work Council‹ mit der Abkürzung ›WC‹. (Große Heiterkeit und Beifall)

Meine Damen und Herren, ich freue mich, dass Ihnen mein Vorschlag so gut gefällt. Dann dürfen wir zusammen auf die Antwort von Herrn Dr. Pischetsrieder gespannt sein.

Falls der Vorschlag angenommen wird, kann der Worker an der Finishline künftig während oder nach seiner Shift zu seinem vertrauten WC gehen. (Heiterkeit)

Meine Damen und Herren, ich bedanke mich für Ihre Aufmerksamkeit und wünsche allen Volkswagen-Fahrern eine gute Zusammenarbeit mit ihrem After Sales Service.« (Heiterkeit und Beifall)

Dr. Pischetsrieder, Vorsitzender des Vorstands: »Herr Teunis, Ihre Anregungen zur Verwendung der deutschen Sprache finde ich so unterhaltsam, wie auch Sie, verehrte Aktionäre, sie fanden. Es ist so, dass manche der Bezeichnungen, die Sie im Fahrzeug finden, tatsächlich international genormt sind. Ihre spezielle Frage: Was passiert denn mit dem Hinweis ›Airbag off‹ für den Fall, dass jemand nicht englisch lesen kann? – In der Betriebsanleitung ist genau beschrieben, was das auf Deutsch heißt. Ich glaube trotzdem – das sage ich durchaus aus Überzeugung –, dass die allzu intensive Verwendung der englischen Sprache im Deutschen nicht nur im Automobilbereich ein gewisser Kulturverlust ist.« (Beifall)

Dazu passt auch das folgende sehr gut nachvollziehbare Statement von Hilmar Kopper, dem ehemaligen Vorstandssprecher der Deutschen Bank, publiziert in der »Süddeutschen Zeitung« im März 2007:

»... jeder muss im job permanently seine intangible assets mit high risk neu relaunchen und seine skills so posten, dass die benefits alle ratings sprengen, damit der cash-flow stimmt. Wichtig ist corporate-identity, die mit perfect customizing und eye catchern jedes Jahr geupgedatet wird!«

Alles klar?

Einen Witz habe ich noch: Bei einem medizinischen Vortrag einer wissenschaftlichen Kapazität saß ein Kollege neben mir und meinte nach dem Vortrag mit todernster Miene: »Der Professor muss unglaublich intelligent sein! Ich habe kein Wort verstanden.«

Nach diesen sehr ausführlichen Interpretationen der zweiten Regel (ich erinnere: »Drücken Sie sich klar, einfach und konkret aus.«) kommen wir gerade noch rechtzeitig zu der dritten Regel:

Regel 3

❒ »Weniger ist mehr.«

Erinnern Sie sich an den letzten Vortrag, bei dem Sie waren? Oder an ein Interview, das Sie im Fernsehen verfolgt haben? Sehr wahrscheinlich haben Sie dabei einen Menschen erlebt, der in kürzestmöglicher Zeit möglichst viele Informationen, Daten, Zahlen, Fakten an den Mann und die Frau – in diesem Fall an Sie – bringen wollte. Und, was davon ist Ihnen in Erinnerung geblieben? Eben!

Gerade wenn Sie über ein Thema sprechen, bei dem Sie für einen Experten gehalten werden möchten ...

Dabei hat mich die Erfahrung gelehrt, dass sich das Publikum etwa drei bis maximal fünf Informationen merken kann. Spätestens ab der sechsten Information vergessen Ihre Zuhörer das vorher Gesagte wieder. (Sie kennen das vielleicht auch von einem lustigen Abend mit Freunden, bei dem viele Witze erzählt werden. Obwohl Sie stundenlang gelacht haben, erinnern Sie sich am nächsten Tag nur mehr an zwei oder drei Witze.)

Lassen Sie uns dazu ein Experiment machen!

- Lesen Sie diese siebenstellige Zahl: 374 129 5.
- Decken Sie die Zahl ab.
  Hallo, wirklich abdecken, nicht schummeln!
- Schreiben Sie nun diese Zahl auf einen Zettel.
  Na, wie viele Ziffern haben Sie sich gemerkt?
- Drehen Sie jetzt den Zettel um …
- … und beantworten im Geiste folgende Fragen:
  Welche Farbe hat das Nachbarhaus?
  Wie lautet Ihre Autonummer?
  Wie viel ergibt 9 x 7?
- Lesen Sie nun diese achtzehnstellige Zahl:
  543 981 057 836 972 195
- Decken Sie die Zahl wieder ab und schreiben Sie die erste, vorherige siebenstellige Zahl auf den Zettel.

Na, wie sieht es jetzt aus? Haben Sie sich noch an ein paar Ziffern erinnert?

Noch ein Experiment? Gerne! Dann lesen Sie bitte mal den folgenden Text:

»75,1 Prozent aller befragten Seminarteilnehmer hatten Probleme, sich an die genaue Zahl der Seminarteilnehmer zu erinnern, die – ohne erneutes Hinsehen – die Prozentzahl vom Anfang dieses Satzes korrekt und fehlerfrei wiedergeben konnten, sobald sie an dessen Ende angelangt waren und danach befragt wurden.«

Habe ich Sie auch erwischt? So schnell geht Information verloren, wenn man nicht den Mut zu einfachen, klareren Botschaften hat.

Dasselbe, was für den effizienten Wissenstransfer gilt, nämlich kurz, prägnant und anschaulich zu sein, gilt somit auch für den Einsatz von Humor-Tools in einem Vortrag oder in einer Präsentation:

Reduzieren, reduzieren und nochmals reduzieren! Oder, wie es im Englischen heißt: »Cut, cut, cut« und »If in doubt, cut it out«. ==Weniger ist mehr!== (Ich weiß, ich wiederhole mich, aber das muss jetzt sein!) Trennen Sie sich von langatmigen Textpassagen, Infosheets, Statistiken und halblustigen Bonmots, die den Inhalt und die Pointe nicht wert sind, auch wenn Sie emotional daran hängen! Ihre Zuhörer werden es Ihnen danken!

Nur weil Sie mehr Daten und Fakten präsentieren, werden sich die Menschen deswegen nicht mehr Daten und Fakten merken!

Der bekannte US-Talkmaster Jay Leno sagte einmal: »Wenn ich mit einem Statement einen Lacher bekomme, reduziere ich den Satz um ein Wort. Bekomme ich wieder einen Lacher, reduziere ich noch um ein Wort und dann noch eines usw.«

Experimentieren Sie mit Ihren Humor-Torpedos! Ihre Freunde haben bei der einen Pointe, die Sie so mögen, nicht gelacht? Löschen Sie sie deswegen nicht gleich aus Ihrem Repertoire, sondern formulieren Sie den Text um, setzen Sie vielleicht andere Pausen. Das ist oft der Unterschied, der den Unterschied macht. Und wenn Sie dann immer noch nicht sicher sind, ob etwas passt – lassen Sie's weg.

MEINE TOP 5 DER PRÄSENTATION

Viele Jahre Erfahrung und unzählige Vorträge, Seminare und Moderationen haben mich eines gelehrt: Natürlich sind Inhalt, Daten und Fakten wichtig. Auch Charts sind seeehr wichtig, aber bitte nie mehr als sieben Prozent Inhalt! Alles andere ist nämlich noch wichtiger, wenn Sie ehrlich zu sich sind und wirklich wollen, dass Ihre Zuhörer Ihre sieben Prozent kompaktes Wissen, Ihre sieben Prozent Botschaften nachhaltig verankern!

So wichtig Inhalt, Vorbereitung, Technik und theoretisches Wissen sind, es geht nichts über und ohne meine persönlichen TOP 5 für eine gute, nachhaltige Präsentation, um die Inhalte optimal zu verankern:

○ Überraschungen
○ Improvisation
○ Kreative Schlagfertigkeit
○ Geplante Spontanität
○ Humor

Die prozentuale Verteilung der einzelnen Parameter variiert je nach Thema, Ziel, Publikum und Ihrer eigenen Persönlichkeit!

Ich vergleiche das gerne mit dem Kochen (was eine meiner ganz großen Leidenschaften ist): Sie brauchen ein Rezept. Sie brauchen Küchengeräte. Und Sie müssen wissen, wie man mit diesen Geräten hantiert. Eine wichtige Basis! Ob das Gericht, das Sie zubereiten, letztendlich schmeckt oder nicht, liegt immer daran, welche Zutaten mit welcher Menge Sie verwenden.

Und genau so ist es bei einer Präsentation, einem Vortrag, einem Meeting. Klar, das Drumherum muss passen. Und es schadet nicht, wenn Sie ein bisschen Ahnung haben von Technik und Rhetorik, Kommunikationsfallen, Killerphrasen, Körpersprache und so weiter.

Der Unterschied jedoch, der den Unterschied macht, sind Sie und Ihre Zutaten. Wie viel Humor bringen Sie in Ihre Moderation? Wie kreativ sind Sie? Womit überraschen Sie Ihr Publikum immer wieder? Was tun Sie, wenn Sie mal improvisieren müssen? Und wie ist es um Ihre geplante Spontanität bestellt (oh ja, die gibt es tatsächlich, ich erkläre es Ihnen gleich)?

ERFOLGSFAKTOR 1: ÜBERRASCHUNGEN

»Der ist immer für eine Überraschung gut«, sagt man oft bewundernd über jemanden. Wenn etwas Unvorhergesehenes passiert und jemand etwas tut bzw. sagt, was wir nicht erwartet haben, sind wir überrascht. Überraschungen lösen Emotionen aus. Auch der Körper reagiert. Wir werden rot, zucken zusammen oder müssen lachen.

Klar können Überraschungen auch nach hinten losgehen, dann lösen sie eher Erschrecken oder Verwirrung aus. Daher müssen sie sorgfältig überlegt und auf das Zielpublikum abgestimmt sein, damit Ihre Zuhörer keine böse Überraschung erleben, sondern sich noch Tage nach Ihrem Auftritt an das (positive) Aha-Erlebnis erinnern. Sympathische Abweichungen der Norm eines Vortrags, ungewöhnliche Beispiele, Stilbrüche, dramaturgisch einstudierte Experimente mit Wow!-Faktor, all das sind die Überraschungen, die Ihr Publikum liebt. Und noch etwas: Je visueller Sie Ihre Überraschungen planen, desto besser. Bilder sagen mehr als tausend Worte!

ERFOLGSFAKTOR 2: IMPROVISATION

Da im Business meist irgendwann irgendetwas schiefgeht, werden Sie eines immer brauchen: Ihr Improvisationstalent. Auch wenn Sie Ihren Vortrag noch so gut geplant haben: Erstens kommt es anders und zweitens als man denkt!

In dem Kapitel »Humor in der Praxis« finden Sie einige Sprüche, Kurztexte und Wortspiele, die Impulse für die eigene Vorbereitung und die unterschiedlichsten Situationen sind. Es ist gut, wenn Sie einige davon mal gehört, vielleicht sogar darüber geschmunzelt und sich angeeignet haben. Wichtig ist jedoch, dass sie zu Ihnen passen müssen, nur dann haben sie für Sie persönlich Potenzial.

Mindestens genau so wichtig ist es aber, dass Sie Ihrem Improvisationstalent ein bisschen auf die Sprünge helfen. Denn dann kann Sie wirklich (fast) nichts mehr aus der Ruhe bringen.

»Bin ich inspiriert, geht alles gut, doch versuche ich es richtig zu machen, gibt es ein Desaster.« Keith Johnston

Keith Johnston, einer der Erfinder des Improvisationstheaters, Schauspiellehrer in Hollywood und auf berühmten Bühnen dieser Welt zu Hause, hat im Rahmen seiner Ausbildung einige Übungen, sogenannte Impro-Spiele, entwickelt, die Sie dabei unterstützen, lockerer zu werden, und Ihnen auf diese Weise den Weg für mehr Improvisation bereiten.

Zwei davon möchte ich Ihnen hier gerne vorstellen. Vielleicht haben Sie ja mal Lust, das eine oder andere auszuprobieren.

❐ Suchen Sie aus einer aktuellen Zeitung zwei Sätze heraus, die inhaltlich nicht zusammenhängen. Kreieren Sie nun eine Geschichte, die mit dem ersten Satz beginnt und mit dem zweiten Satz endet.

❐ Erfinden Sie eine Geschichte.
Variante 1: Es darf der Buchstabe A nicht vorkommen.
Variante 2: Jeder Satz muss mit dem letzten Wort des vorherigen Satzes beginnen.
Variante 3: Jeder Satz besteht aus drei Wörtern.

Ein Tipp: Impro-Spiele machen viel mehr Spaß, wenn mehrere Personen beteiligt sind.

ERFOLGSFAKTOR 3: KREATIVE SCHLAGFERTIGKEIT

Ist Ihnen das auch schon mal passiert? Jemand sagt etwas zu Ihnen, Sie schweigen, weil Ihnen keine gute Antwort einfällt. Und eine halbe Stunde später wäre die passende Antwort plötzlich da – nur ist es dann leider schon zu spät dafür.

Die gute Nachricht: Schlagfertigkeit lässt sich erlernen! Denn schlagfertige Menschen gehen nach einem speziellen Muster vor, das man erkennen, selber erlernen und anwenden kann. Und damit wären wir wieder beim Thema geplante Spontaneität gelandet. Es kann zielführend sein, wenn Sie eine Handvoll schlagfertige Bemerkungen vorbereiten, eine Art Notfallkoffer für den verbalen Schlagabtausch sozusagen.

Die Vorbereitung dient jedoch aus meiner Sicht eher dazu, sich primär mit dem Thema zu beschäftigen, als in der jeweiligen Situation pointiert-kreativ zu antworten. Eine eingelernte Antwort 1:1 wiederzugeben, kommt nicht wirklich gut an.

Eine spontane Antwort muss nicht einmal besonders kreativ sein. Es muss auch nicht immer etwas Nettes sein. Wenn Ihnen jemand unangenehm kommt, können Sie ruhig ein bisschen frech reagieren.

Meist ist es nicht so wichtig, was Sie sagen, sondern dass Sie etwas sagen.

Und weil Übung auch hier den Meister macht, ein paar Tipps für mehr Schlagfertigkeit:

○ Eine wichtige Voraussetzung für Schlagfertigkeit ist ein großes Repertoire – das müssen Sie einmal aufbauen. Ihr persönliches Pointenarchiv. Ich sammle seit über 20 Jahren kreative Wortspiele, coole Wortwitze und Anekdoten mit unterschiedlicher Thematik und Message. Lesen Sie Fachartikel oder blättern Sie doch mal wieder im Fremdwörterbuch. Und nun das Wichtigste: Schreiben Sie sich die besten Bonmots, Erklärungen, Aphorismen, die zu Ihnen passen, auf! Allein durch das Aufschreiben wird es in unserem – genau genommen in Ihrem – Hirn verankert, um dann im richtigen Moment blitzschnell, ohne nachzudenken, wieder abgerufen werden zu können.

○ Üben Sie sich im assoziativen Denken. Das muss kein hartes Training sein, sondern kann und soll Spaß machen. Machen Sie also ein Spiel daraus. Finden Sie zu einer bekannten Abkürzung oder einem Markennamen kreative neue Bedeutungen. Beispiel:

MARS – Mit Anderen Regeln Siegen, FKK: Fahre Kaugummi Kaufen. Und was fällt Ihnen zum Beispiel zu MILKA ein?

○ Machen Sie es wie bei der Millionenshow! Überlegen Sie sich zu einer Frage mehrere, möglichst skurrile Antworten. Wenn Ihnen dann bei nächster Gelegenheit jemand eine »eigenwillige« Frage stellt, fällt Ihnen umso schneller eine ebenso »eigenwillige« Antwort ein.

Hier muss ich Ihnen noch eine nette Geschichte zum Thema Schlagfertigkeit erzählen.

Im letzten Urlaub haben wir ein sehr sympathisches Schweizer Pärchen – Urs und Heidi – kennengelernt, das in der Promi-TV-Branche unserer eidgenössischen Nachbarn journalistisch tätig ist. Bei einem Abendessen unter Palmen haben wir humorvolle Erfahrungen, kleine Pannen und witzige Erlebnisse aus unserem Berufsleben ausgetauscht. Heidi hat folgende Story erzählt:

Die beiden waren von einem lieben Freund über Pfingsten in eines der extrem teuren Tophotels der Schweiz eingeladen. Der Aufenthalt war natürlich spitzenklasse, und so waren sie besonders erfreut, als sie der Hotelier im darauf folgenden Oktober wieder für zwei Tage in die Luxusherberge einlud. Im Hotellift trafen sie auf ein weiteres Paar und es entspann sich folgender Dialog:

Heidi: »Ein wirklich tolles Hotel … (und dann, mit einem gewissen, leicht selbstgefälligen, arroganten Unterton) … wir waren ja schon zu Pfingsten da.«

Darauf der Mann des fremden Pärchens staubtrocken: »Toll, wir sind schon SEIT Pfingsten da!«

Ich kann mir den offenen Mund von Heidi und Urs gut vorstellen, bestimmt verbunden mit dem Wunsch, bald in ihrem Stockwerk anzukommen, um dieser peinlich-lustigen Situation ein Ende zu bereiten.

Schlagfertigkeit in Perfektion, finden Sie nicht?

Übrigens – ich erzähle diese tatsächlich wahre Geschichte seitdem gerne bei meinen Vorträgen und sorge damit immer für einen Lacher bei den Zuhörern! Probieren Sie es aus!

ERFOLGSFAKTOR 4: GEPLANTE SPONTANITÄT

Es klingt wie ein Widerspruch in sich, ich weiß. Aber geplante Spontaneität ist möglich. Die Kunst dabei ist, etwas spontan aussehen zu lassen, obwohl Sie es gut geplant und geübt haben.

Beobachtet man renommierte und bekannte Redner oder Infotainmentspezialisten, hat man den Eindruck, dass sie viele ihrer Inszenierungen, humorvollen Einlagen und Interaktionen mit dem Publikum ganz spontan auf die Bühne bringen.

Wenn man sich diese Programme und Vorträge aber genauer ansieht und miteinander vergleicht, stellt man fest, dass das Meiste sehr gut und akribisch geplant und perfekt getimt ist. Jeder Satz, jede Nuance der Körpersprache, jede Pointe ist exakt reproduzierbar und bestmöglich trainiert. Dass nach Regeln und Mustern gearbeitet wird, die zwar spontan wirken, sich jedoch immer wiederholen, weiß das Publikum nicht. Die Zuhörer erleben sie als genial-spontan-kreative Motivatoren, fachliche Inhalte werden dennoch klar herausgearbeitet und der Präsentator als herausragende Kompetenzperson wahrgenommen. Cool, nicht?

57

Das One-Step-Ahead-Prinzip, das gute Redner gerne für ihre Meetings und Vorträge nutzen, funktioniert auch perfekt für Ihren Auftritt. Es bedeutet so viel wie »im Kopf schon einen Schritt voraus sein«.

Das Geheimnis: Sie schaffen bewusst eine Situation, die zur Lösung führt. Sie legen einen Köder aus, von dem Sie wissen, dass er 99 Prozent der Fische schmeckt.

Bei manchen Themen und Fragestellungen weiß man schon im Voraus, wie das Publikum darauf reagieren wird (induzierte Fragen). Dieses Wissen können Sie für sich nutzen und damit geplant spontan sein: Das Opfer beißt an und Sie können pointiert brillieren.

Sie sehen, wie einfach und total zufällig es ist, elegant zu seinem Wunschthema zu gelangen, um all das vom Stapel lassen zu können, was Sie dazu vorbereitet haben.

Übrigens: Spontaneität will gut überlegt sein.

ERFOLGSFAKTOR 5: HUMOR

Der englische Schriftsteller William Thackeray sagte einmal: »Humor ist eines der besten Kleidungsstücke, die man in der Gesellschaft tragen kann.« (Das soll jetzt aber bitte nicht heißen, dass es das einzige Kleidungsstück ist, das Sie bei Ihrer nächsten Vorstandspräsentation tragen. Obwohl: Warum eigentlich nicht? Trainieren Sie nur bitte vorher ein bisschen, damit der Schock für Ihr Publikum nicht gar so groß ist.)

Bei meinen Recherchen zu diesem Buch bin ich über diverse Listen gestolpert, die aufführen, welche Eigenschaften erfolgreiche Menschen haben (müssen). Dabei hat mir jedoch immer ein Aspekt gefehlt: Humor.

Besonders dann, wenn Sie viel mit Menschen zu tun haben und diesen Menschen etwas mitteilen sollen oder wollen, sollte Humor eine Ihrer ausgeprägtesten Eigenschaften sein. Außer Sie sind der einzige Leuchtturmwärter in Grönland, dann vergessen Sie das alles bitte mit dem Humor und der Wichtigkeit bei der zwischenmenschlichen Kommunikation.

Für mich gilt: Im gezielt dosierten Humor habe ich mich selber gefunden. Er ist das, was Erfolg aus- und möglich macht. Er ist der wichtigste Transporteur meiner Botschaften. Und er erleichtert es, sich selbst nicht ganz so wichtig und ernst zu nehmen. Dies wiederum macht Sie für Ihr Gegenüber, für Ihre Zuhörer sympathisch. Mit Maß und Ziel eingesetzt, kann Ihnen Humor alle Türen und Herzen öffnen.

Man nehme Erprobtes, Bewährtes und langjährig erfolgreich Eingesetztes, mixe es mit Neuem, im Trockentraining

Haben Sie Mut zur Reduktion! Texte zu kürzen und Folien, die man im Schweiße seines Angesichts mit viel Herzblut erarbeitet hat, zu verwerfen, zählt zu den schmerzlichsten Erfahrungen und Aufgaben eines Kommunikators.

Sortieren Sie von Zeit zu Zeit – ähnlich wie bei Ihrer Wintergarderobe, wenn der Frühling naht – altes Material aus. »Weniger ist mehr« ist hier wirklich ein guter Grundsatz. Hatte ich das schon erwähnt? Denken Sie an dieser Stelle auch nochmals an den großen Jay Leno und seine Reduktions-Methode!

Ein letzter Vergleich: Stellen Sie sich vor, Sie füllen Ihre nettesten Geschichten, die humorvollsten Erlebnisse, die witzigsten Pointen und Metaphern in einen riesengroßen Trichter und pressen dieses kreative Sammelsurium mit viel Kraft durch die winzige Austrittsöffnung. Was dann hochkonzentriert, frei von Schadstoffen und glasklar austritt, ist die wertvolle Essenz, die Sie und Ihre Präsentation einmalig macht.

... AM BEISPIEL IHRER E-MAILS

Wie begrüßen Sie Menschen persönlich? Nein, ich meine, im richtigen Leben, nicht im Job. Mit ernster Miene, versteinertem Gesicht und zusammengepressten Lippen? Nein? Natürlich nicht! Warum machen Sie es dann in einer E-Mail oder einem Rundschreiben?

Je unpersönlicher, desto besser, oder? Schließlich sind wir ja im Business und da hat Persönlichkeit keinen Platz, weil wir Angst vor Missinterpretationen haben, Angst vor Seriositätsverlust.

Deswegen schreiben wir lieber Fakten – distanziert, ohne Emotionen und langweilig. Da kann nichts passieren.

Es geht auch anders!

60

Studien beweisen, dass E-Mails oder Rundschreiben viel öfter und intensiver gelesen und vor allem befolgt werden, wenn sie pointiert, persönlich und mit der richtigen Dosis Witz geschrieben werden. Der Inhalt und die Botschaft bleiben erhalten, die Formulierung ist nur eine andere. Und der zusätzliche Benefit dabei: Man merkt sofort, die E-Mail kommt von einem Manager oder Mitarbeiter, der mit Leichtigkeit und Humor führt.

Mein Tipp: Nehmen Sie sich Ihre nächste E-Mail zur Hand, die Sie an Ihre Kollegen, Mitarbeiter oder Kunden schreiben möchten, und überlegen Sie, wo Platz für eine kleine Prise Persönlichkeit oder Spaß ist. Nur eine kleine Prise, mehr ist nicht vonnöten, um Ihrer Mail Charakter zu geben. Ihren Charakter!

Wenn Sie damit Erfolg haben (und ich verspreche: Sie werden ihn haben!), dann durchforsten Sie doch mal andere digitale Kommunikationsmittel nach unpersönlicher Schärfe, distanzierter Geradlinigkeit und überfrachteter Informationsflut.

Ich bin überzeugt, mit ein wenig gutem Willen und Motivation machen Sie aus dem Intranet oder Ihrem nächsten Kunden-Newsletter ein Feuerwerk an kreativen Informationen, die auch gelesen werden! Lassen Sie Ihre Kommunikationsabteilung inzwischen weiter nach Tippfehlern, grammatikalischen Divergenzen, Corporate konformer Ernsthaftigkeit und inkorrekten Schachtelsätzen suchen – so ist sie nämlich beschäftigt und stört nicht Ihre Humor-Offensive.

Wenn Sie selbstständiger Einzelunternehmer sind und keine Corporate Guidelines haben, dann besitzen Sie überhaupt keine Ausrede, um mehr lebendigen Humor in die tägliche Kommunikation zu bringen. Werden Sie offener, lächeln Sie beim Kommunizieren, haben Sie Spaß dabei, und man wird Ihnen zuhören. Jeder. Alle!

Spaß ist der Turbomotor der Kreativität.

Deswegen hier gleich noch ein Beispiel aus meiner eigenen Business-Kommunikation …

61

… AM BEISPIEL IHRER ABWESENHEITSNOTIZ

Gerade im Sommer sind die Büros dieser Welt mitunter wie ausgestorben. Versucht man zur Urlaubszeit per E-Mail zu kommunizieren, so erhält man – ja, richtig, eine total sympathische, vom Computer automatisch (de)generierte, liebevoll formulierte, persönliche Antwort, neudeutsch auch »out of Office AutoReply«:

»Vielen Dank für Ihre Nachricht. Ich bin ab 23.08.2012 wieder im Haus. In dringenden Fällen wenden Sie sich bitte an Frau XY (DW 12345).«

Ganz ehrlich, ich halte diese Form der Kommunikation weder für kundenorientiert noch besonders kreativ, geschweige denn originell und humorvoll. Im vergangenen Sommer erfuhren daher meine Kunden, dass ich für einige Zeit den Schreibtischsessel gegen den Liegestuhl getauscht habe folgendermaßen:

»Ich bin ab 30.8. wieder im Amt. In Würden bin ich jederzeit. Unser Office mit den nettesten Kolleginnen dieser Welt, ist selbstverständlich besetzt und freut sich unter Tel. +43 1 7127590 über Lob und Glückwünsche, charmante Komplimente und neue Fans, coole Anfragen und viele Aufträge.

Mit abwesenden, aber umso freundlicheren Grüßen
Dr. Roman F. Szeliga
Geschäftsführer
Agentur Happy&Ness GmbH.«

Eine Kundenantwort möchte ich Ihnen nicht vorenthalten:

»… allein die Formulierung der Abwesenheitsnotiz hat ein Lächeln auf unsere Lippen gezaubert (unsere deswegen, denn ich musste das gleich ausdrucken und meinen Kollegen zeigen) …

Merci vielmals und Ihnen einen supergenialen Start in den Tag
G. R.«

… AM BEISPIEL IHRES LÄCHELNS AM TELEFON

Ja, man kann ein Lächeln am Telefon hören. Wenn Sie's nicht gewusst haben, schicken Sie mal Ihr Marketingteam und die Damen und Herren Ihrer Rezeption zu einem entsprechenden Seminar.

Ihre Ohren werden Augen machen: Lesen Sie einen x-beliebigen Text einmal ganz normal – und dann mit einem Lächeln im Gesicht. Lassen Sie eine freiwillige Versuchsperson (Ihren Partner vielleicht oder eines Ihrer Kinder, die können sich nicht wehren) mit geschlossenen Augen bewerten, wann sie ein Lächeln hören. Sie werden überrascht sein! Und wenn Sie mal nicht persönlich am Apparat sind, dann gibt es immer noch den Anrufbeantworter, der für ein erstes verbindendes Lächeln sorgen kann, wenn man es richtig macht.

... AM BEISPIEL IHRES VOLLAUTOMATISCHEN ANRUFBEFÜRWORTERS

Ein Anrufbeantworter ist keine Kleinkunstbühne! Vergessen Sie bitte all die pseudo-komisch-kreativen Ansagen, wie sie in den 90er-Jahren populär und modern waren. (Und wir haben sie alle gehabt, diese urpeinlichen Tonbandtexte.)

Ein Anrufbeantworter ist keine Kleinkunstbühne!

Das hat heute nichts mehr mit Humor zu tun. Schon gar nicht im Business. Hatte es wahrscheinlich auch damals nicht, nur waren wir da vermutlich unkritischer.

Das Geheimnis liegt darin, nicht zu versuchen, krampfhaft lustig, sondern einfach heiter und positiv zu sein. Auch hier schließen sich seriöses Weltkonzern-Auftreten und zu transportierende Sympathie nicht aus. Mit anderen Worten: Auf Ihrem Firmen-Anrufbeantworter muss kein gespielter Witz zu hören sein und bitte auch kein langweiliger Ansagetext aus der Dose ohne Identität, ohne Herz und ohne Esprit.

Viel besser sind Sie mit der Variante beraten, eine individuelle, akustische Visitenkarte Ihres Unternehmens zu kreieren, die mit Leichtigkeit, Fröhlichkeit und dem ehrlichen Wunsch, Sie als Kunden/Partner wertzuschätzen, am Telefon empfängt.

Das Wichtige dabei: Die Stimme am Band muss man lächeln hören! Warum? Wie begrüßen Sie Ihre Kunden im täglichen Leben? Mit frustriertem Gesicht, hochgezogenen Augenbrauen, bösem Blick und tiefer Stimme? Nein, natürlich nicht! Freundlich, nett mit einem Lächeln und einer offenen Körperhaltung. Und genauso muss Ihr Anrufbeantwortertext »klingen«, damit er diese positive Begrüßungsemotion von Anfang an einer vielleicht ewig währenden Geschäftsbeziehung erzeugt.

63

Humor in der Werbung

Das Kapitel *Was ist eigentlich HUMOR?* möchte ich mit einem Thema abschließen, mit dem wir von früh morgens bis spät abends konfrontiert sind, ob wir wollen oder nicht: der Werbung.

Ein Artikel aus »Direkt«, dem Leadmagazin der Deutschen Post, beschreibt die Kombination von Humor und Werbung wie folgt:

»Humor in der Werbung ist kein Trend, sondern längst Standard. Humor im kommerziellen Bereich wird immer wichtiger, denn: Was lustig ist, wird gerne verbreitet – bei Freunden, Kollegen oder auf YouTube. Humor geht weg vom rationalen Bezug hin zur intuitiven Wirkung.«

80 Prozent unserer Entscheidungen sind rein emotional. Guter Humor in der richtigen Dosis öffnet unser Wesen für die restlichen 20 Prozent an Daten, Zahlen und Fakten. Man lacht über etwas Unerwartetes, Missglücktes, Skurriles und oft auch über sich selbst. Wie Humor funktioniert, beschäftigt die Wissenschaft schon seit Jahrzehnten.

Martin Eisend, Professor an der Europa-Universität Viadrina, kommt in seiner Analyse zur Wirkung von Humor in der Werbung zu folgendem Ergebnis: »Humorvolle Werbung ist vor allem aufmerksamkeitsstark und kommt beim Publikum gut an. Zudem motiviert Humor den Empfänger der Werbebotschaft.«

Eisend kommt in seiner Untersuchung auch zu dem Schluss, dass Humor – entgegen der Meinung vieler Werber – »bei wichtigen, risikoreichen Produkten unter Umständen besser wirkt als bei alltäglichen Produkten.«

Eine derartige Steigerung der Werbewirkung lässt sich auf die »psychologische Aktivierung« zurückführen, die Humor erzeugt. »Sind die Menschen guter Stimmung, dann ist ihr Aufmerksamkeitsfokus breiter – bei schlechter Laune verengt er sich«, so Florian Becker, Wirtschafts- und Organisationspsychologe an der Ludwig-Maximilians-Universität München.

Dem Kunden gefällt, was er sieht, er freut sich und fühlt sich belohnt. Die Folge: höhere Werbeakzeptanz, bessere Werbeerinnerung und bessere Chancen für Mundpropaganda.

Wichtige Grundregel dabei: In nur zwei Sekunden sollte eine gute Pointe, ein humorvoller Einfall, ein kreatives Bonmot beim Zuhörer/ Zuschauer/Leser angekommen sein, sonst verliert dieser das Interesse. Auch beim Humor in der Werbung gilt: Weniger ist oft mehr.

Weniger ist oft mehr.

Unsere Chance: Neue Studien belegen, dass junge Menschen, die mit viel guter Comedy und intelligentem Humor aufwachsen, selbigen nicht als Gegenpol zur Ernsthaftigkeit verstehen, sondern als Katalysator für den anstrengenden und hochkomplexen Alltag, als Erfolgsfaktor und USP in Abgrenzung zur Konkurrenz begreifen! Für sie kann Humor zu einer Art Lifestyle-Kultur werden.

Nachfolgend eine detaillierte Beschreibung, wie Werbung wirkt (Das Beispiel orientiert sich zugegebenermaßen an der männlichen Perspektive. Für Frauen dürfte es trotzdem erhellend sein.).

- ○ Sie gehen auf eine Party und sehen ein attraktives Mädchen auf der anderen Seite des Raumes. Sie gehen zu ihr und sagen: »Hallo, ich bin ein großartiger Liebhaber, wie wär's mit uns?« Das nennt man Direct Marketing.
- ○ Sie gehen auf eine Party und sehen ein attraktives Mädchen auf der anderen Seite des Raumes. Sie geben einer Freundin einen Zehn-Euro-Schein. Sie steht auf und sagt: »Hallo, mein Freund dort hinten ist ein großartiger Liebhaber, wie wär's?« Das ist klassische Werbung.
- ○ Sie gehen auf eine Party und sehen ein attraktives Mädchen auf der anderen Seite des Raumes. Sie geben zwei Freundinnen einen

Zehn-Euro-Schein, damit sie sich in Hörweite des Mädchens stellen und darüber sprechen, welch toller Liebhaber Sie sind. Das nennt man Public-Relations.

○ Sie gehen auf eine Party und sehen ein attraktives Mädchen auf der anderen Seite des Raumes. Sie erkennen sie wieder. Sie gehen zu ihr rüber, frischen ihre Erinnerung auf und bringen sie zum Lachen und Kichern. Und dann werfen Sie ein: »Hallo, ich bin ein großartiger Liebhaber, wie wär's mit uns?« Das ist Customer Relationship Management.

○ Sie gehen auf eine Party und sehen ein attraktives Mädchen auf der anderen Seite des Raumes. Sie ziehen Ihren tollen neuen Designeranzug an, laufen herum und spielen Mr. Cool. Sie setzen Ihr bestes Lächeln auf, laufen herum und spielen Mr. Sympathisch. Sie frischen Ihren Wortschatz auf und spielen Mr. Höflich. Sie unterhalten sich mit sanfter und weicher Stimme, Sie öffnen die Tür für alle Frauen, Sie lächeln wie ein Traum, Sie verbreiten eine Aura um sich herum, Sie spielen Mr. Gentleman und dann gehen Sie zu dem Mädchen und fragen: »Hallo, ich bin ein großartiger Liebhaber, wie wär's mit uns?« Das ist Hard Selling.

○ Sie gehen auf eine Party und sehen ein attraktives Mädchen auf der anderen Seite des Raumes. Sie kommt herüber und sagt: »Hallo, ich habe gehört, dass du ein großartiger Liebhaber bist, wie wär's mit uns?« Nun, DAS, sehr geehrte Damen und Herren, ist die Kraft der Marke.

EINE BUCHSTÄBLICH COOLE MARKETING-IDEE

Da sich sein Buch nicht so recht verkaufen und sein Verleger kein Geld in die Werbung stecken wollte, entschloss sich der clevere Autor W. S. Maugham zur Selbsthilfe. Er gab in einigen Londoner Tageszeitungen eine Kontaktanzeige unter einem Pseudonym auf. Und die lautete ungefähr so:

»Junger Millionär, attraktiv, sportlich, kultiviert, hochmusikalisch, sehr einfühlsam und liebevoll, sucht zwecks Heirat ein junges, hübsches Mädchen, das in jeder Hinsicht der Heldin des Romans von W.S. Maugham gleicht.«

Sechs Tage nach Erscheinen des Inserats war die erste Auflage des Romans restlos vergriffen.

Es gibt ihn aber auch, den ungewollten Humor in der Werbung.

Humor hat auch der Weltkonzern Coca Cola bewiesen. Musste er wohl …

Der Name Coca-Cola wurde nämlich in China anfänglich unter der Bezeichnung »Ke-kou-ke-la« bekannt gemacht. Unglücklicherweise fand die Konzernleitung erst nach der Produktion mehrerer tausend Schilder heraus, dass der Satz, je nach Dialekt »Beiße die wächserne Kaulquappe« oder »mit Wachs ausgestopfte Stute« bedeutet.

Unlängst kommt mein 18-jähriger Neffe zu mir, weil er gerne einen Praktikumsplatz in meiner Agentur hätte. Wir plaudern über Gott und die Welt und auf einmal sagt er: »Du, ich merke, dass ich erwachsen werde, denn früher habe ich mich mehr getraut!«

Kennen Sie das nicht auch? Früher sind wir mit Skiern über Skihütten gesprungen, ohne zu wissen, was sich darunter oder dahinter befindet. Wir haben Wodkaflaschen auf der Fensterbank stehend ex getrunken, weil wir – so unheimlich cool und männlich – einem Mädchen imponieren wollten. Und wir haben ohne nachzudenken verrückte Sachen im Urlaub gemacht – einfach des Spaßes wegen.

Ja, richtig – wir haben wohl damals oft Glück oder einen Schutzengel gehabt. Und so manches hätte auch anders ausgehen können.

Nun sind wir gereift, haben gelernt, unsere Erfahrungen gemacht und heute überlegen wir mitunter sehr lange, bis wir eine Entscheidung treffen. Ja, und oft treffen wir keine, in der Hoffnung, es erledigt sich so manches Problem von selbst. Wir haben ja unsere Erfahrungen …

70

Erfahrungen sind gut, sie helfen auch nur dem, der sie selber macht, oder haben wir damals auf die Empfehlungen unserer Eltern oder Großeltern gehört? Mal ehrlich – nur allzu selten und wenn, dann höchst ungern oder unter Strafandrohungen.

Erfahrungen und tägliches Lernen sind existenzerhaltend und deswegen ungemein wichtig für unser Leben, für unseren Erfolg, für unsere Entwicklung. So weit – so gut!

Was dabei aber leider im Laufe der Jahre auf der Strecke bleibt ist: Der Mut. Mut, anders, herzlicher und ein wenig »verrückter« zu sein, als es das Establishment vorgibt.

Das ist auch das »Problem-Thema«, wenn es um Humor für Führungskräfte geht. Je höher wir in der Hierarchie in einem Unternehmen steigen, desto mehr verlieren wir die Leichtigkeit des Seins, den Sinn für Freude, Spaß und den Humor als Katalysator und Motivationsbringer! Und auch leider manchmal das ehrliche Lob und die Wertschätzung für die Mitarbeiter:

Was für wunderbare Menschen sie sind!

Unter dem Jahr sind Lob, Wertschätzung und ehrliche Komplimente oft Mangelware! Gute Stimmung bedeutet gute Leistung. Leider vergessen das Führungskräfte oft, zu sehr bedeutet gute Leistung lediglich gute Zahlen.

Aber es geht auch anders, und dafür braucht man ein klein wenig Mut …

Mut, unorthodoxe, menschliche Entscheidungen zu treffen, Mut, mit Humor, Menschlichkeit und Nähe zu handeln und dies nicht nur einmal bei der Jahresabschlussfeier, sondern dieses strategische Führungsverhalten das ganze Jahr an den Tag zu legen.

71

Humor in der Mitarbeiter-kommunikation

Humorforscher haben festgestellt, dass fröhliche Menschen als sympathisch und kompetent von anderen wahrgenommen werden. Meist fühlen sie sich in der Firma wohler und erledigen ihre Arbeit schneller als weniger gut gelaunte Mitarbeiter. Führungskräfte, die ihre Mitarbeiter mit Humor führen und Spaß zulassen, unterstützen die Kommunikation, schaffen eine gute Basis für Offenheit und fördern eine schnelle Problemlösung. Eine humorvolle Führungskraft wirkt dadurch menschlicher und wird rascher akzeptiert. So steigert Humor als Führungsstrategie die Kreativität der Mitarbeiter, entschärft Konflikte und sorgt für ein offenes Arbeitsklima.

Bei einer groß angelegten Untersuchung bei mehr als 700 Führungskräften renommierter Unternehmen wurde festgestellt, dass nahezu alle, nämlich 98 Prozent, eher einen Mitarbeiter mit Sinn für Humor einstellen würden als jemanden ohne Affinität zur Heiterkeit.

Kluge Führungskräfte lernen das Potenzial, das gezielte ehrliche Heiterkeit in sich birgt, selbst zu entdecken.

Dave Clark, Vicepresident von Nike, sagt dazu: »Wenn Sie einen Job oder Beruf finden, in dem Sie Spaß haben, wird er zur Berufung!«

Art Hargate, CEO von RNS, einem innovativen Müllentsorgungsunternehmen, meint: »Als Führungskraft Sinn für Humor zu haben und Menschen zu erlauben wieder Mensch zu sein, hat sicherlich zu unserem großen Erfolg beigetragen.«

Groß angelegte Forschungen zum Thema Effizienz von *Work Life Balance* bestätigen mittlerweile die Wichtigkeit von Humor am Arbeitsplatz. In Zahlen ausgedrückt: Eine 13-prozentige Steigerung von Motivation und Moral durch positive Stimmung im Job führt zu einer 40-prozentigen Steigerung der Produktivität. Na, das ist doch was!

Wenn Sie also etwas Gutes für sich und Ihr Unternehmen tun wollen, stellen Sie Menschen ein, die neben Kompetenz und Ehrgeiz auch Spaß mitbringen!

Vor wenigen Jahren konnte man im Havard Business Review lesen, dass Führungskräfte mit Sinn für Humor schneller die Karriereleiter emporklettern und mehr Geld verdienen, als sogenannte seriöse, klassisch denkende Manager.

Dazu ein Bonmot am Rande: Ungefähr zur gleichen Zeit kam eine Studie heraus, dass gut aussehende, sportliche und große Menschen in der Regel mehr verdienen als der Rest der Population.

Also – was heißt das für Sie? Sie haben jetzt zwei Möglichkeiten: Eignen Sie sich Humor an, oder wachsen Sie noch etwas – die Entscheidung liegt bei Ihnen.

Der Manager einer Krankenhaus-Service-Firma, Michael Jewellson, stellt fest: »Man kann bei der Arbeit nicht zu viel Spaß haben. Je glücklicher Ihre Beschäftigten, desto gesünder sind sie! Emotional und körperlich!«

Und dann bemerkt er weiter: »Wir machen in unserer täglichen internen und externen Kommunikation häufig von Humor Gebrauch. Und der basiert in jedem Fall immer primär auf Respekt!«

Gute Führungskräfte wissen, dass die Fähigkeit, gemeinsam Spaß im Business zu haben, unmittelbar mit gegenseitigem Respekt verknüpft ist. Mehr Respekt führt zu mehr Verständnis und zu mehr Vertrauen. Und Vertrauen führt zu einem nahrhaften, fruchtbaren Boden, auf dem Spaß und Humor gedeihen und wachsen können.

Sie kennen bestimmt Richard Branson, den legendären innovativen und manchmal auch etwas verrückten Gründer der Virgin Group. Er war schon vor 25 Jahren ein Kämpfer für mehr Spaß im Business:

»Etwa 80 Prozent unseres Lebens verbringen wir mit Arbeit! Wir wollen zuhause Freude, Spaß und Glück haben – warum sollen wir all das nicht auch bei der Arbeit haben!«

Mit Ihrem Team zu lachen ist eine unglaublich wertvolle Chance, gegenseitiges Vertrauen aufzubauen. Außerdem ist es die beste Möglichkeit, Stress zu reduzieren und Dampf abzulassen.

Gemeinsames Lachen ist eine der besten Investitionen in ein motiviertes Team. Heiterkeit verbindet Alt und Jung, erfahrene Kollegen und Newcomer über Status und Hierarchie hinweg.

Wenn die Atmosphäre am Arbeitsplatz wertschätzend freundschaftlich ist und jedes Teammitglied seinen adäquaten Beitrag zu dieser Wohlfühlstimmung leistet, jeder seinen Raum findet und man jedem seinen Raum lässt, wenn die Beiträge jedes Einzelnen wohlwollend von allen anderen anerkannt werden und dazu die wichtigen Faktoren Vertrauen und Respekt hinzukommen, dann haben Sie ein Weltmeisterteam mit einer Energie, die nicht mehr zu bremsen ist!

Und noch etwas: Vergessen Sie nicht Ihre Mitarbeiter zu loben.

Wann welcher Humor eingesetzt werden kann, ist von der jeweiligen Persönlichkeit und Situation abhängig und wird nachfolgend beschrieben. Erlauben Sie mir hierbei auch ein paar Ausflüge in die Humorforschung und in die angewandte Psychologie. Und ich verspreche Ihnen, so schlimm und tierisch ernst wird es nicht.

DIE SELBSTIRONIE

Die Selbstironie ist ein wichtiger erster Schritt in eine gelernte Humorkultur. Der Humor auf eigene Kosten lässt die Führungskraft nämlich in den meisten Fällen sympathischer und kompetenter erscheinen und ist somit ein unterstützendes Element.

Eine selbstironische Bemerkung bewirkt zum einen Selbsterkenntnis und wird zum anderen als Absicht gedeutet, den ersten Schritt zu einer Verbesserung einer Situation zu machen. Dabei muss beachtet werden, dass sie durch die falsche Wahl des Ortes oder der Situation auch die Position des Vorgesetzten gefährden kann. Der daraus resultierende schleichende Verlust von Autorität kann dazu führen, dass sich die Mitarbeiter nicht mehr geführt fühlen und die Situation dann negative Auswirkungen auf die Arbeitsweise hat.

Der Humorforscher Erster Stunde Thomas Holtbernd empfiehlt daher, dass bestimmte Regeln von der Führungskraft beachtet werden sollten.

❏ Wird die Selbstironie als spielerisch-überlegene und doch kritische Haltung sich selbst gegenüber angewandt, wird dies mit einem starken Selbstbewusstsein der Führungskraft assoziiert. Eine solche Haltung unterstreicht, dass die Führungskraft nicht an der Hierarchie klammert, sondern mit Humor auf diese auch verzichten kann. Sind das Selbstbewusstsein und damit auch die Position der Führungskraft gefestigt, ist Humor als Führungselement zu empfehlen. Also anders ausgedrückt: Je mehr Erfahrung, je mehr Kompetenz ich habe, desto leichter tu ich mich als Führungskraft mit der Selbstironie. (Diese These unterstützt auch das richtige Verhalten im Unterrichts- und Schulungswesen – siehe dort.)

❏ Des Weiteren ist hier Authentizität immens wichtig und der angewandte Humor sollte zur jeweiligen Person passen. Wirkt eine humorvolle Situation gekünstelt, wird das erwünschte Resultat garantiert nicht erreicht. Fehlt die Authentizität nämlich, dann strahlt die Führungskraft diese Unsicherheit auch aus und der humorvolle Kommunikationsansatz verfehlt nicht nur das Ziel, sondern erreicht genau das Gegenteil: Das Ansehen geht verloren, die Mitarbeiter spüren diese Unsicherheit und der Vorgesetzte verliert in ihren Augen an Respekt.

KONFLIKTLÖSUNG MIT HUMOR

Zu den Aufgaben einer Führungskraft gehört es, Entscheidungen zu treffen und Anweisungen zu geben, um vorgegebene Unternehmensziele zu erreichen. Manche Anweisungen können bei den Mitarbeitern auf Unverständnis stoßen. Führungskräfte müssen täglich Konflikte lösen und dabei kann der Einsatz von Humor hilfreich sein.

Wird eine ernsthafte Sache oder Situation humorvoll und locker betrachtet, kann das die Sachlage entspannen und den Blickwinkel auf die Ursachen des Konfliktes verändern.

❒ Die Anwendung von Humor kann bei Konflikten sehr hilfreich sein, denn er hilft alte Denkmuster aufzulösen, offenbart neue Perspektiven und ermöglicht einen spielerischen Umgang mit Konflikten.

❒ Außerdem lässt sich durch den Einsatz von Humor eine möglichst neutrale Situation herstellen und die Machtverhältnisse werden aufgelockert.

❒ Beim selektiven Einsatz von motivierendem Humor während der Arbeit kommt der Empathie, also der Fähigkeit zu empfinden, neben der kommunikativen Kompetenz, eine große Bedeutung zu.

Schon wieder so ein Fremdwort, das wir oft inflationär einsetzen. Was bedeutet »Empathie« jedoch konkret? Empathie ist die Fähigkeit, die Erlebensweise anderer Menschen zu verstehen, nachzuvollziehen sowie sich in andere Menschen einzufühlen. Gerade eine Führungskraft hat dabei die wichtige und sensible Aufgabe, die Gefühle seines Gegenübers möglichst genau zu spüren, zu erkennen und seinen Mitmenschen mit dem richtigen Fingerspitzengefühl zu begegnen. Dabei ist es vor allem wichtig, die Probleme und Konflikte der Mitarbeiter aus deren Sicht betrachten zu können.

Viele Manager gehen von der Philosophie aus, dass Mitarbeiter primär Strenge, Distanz, Führung, Visionen und klare messbare Vorgaben und Benchmarks brauchen. Humor, Kreativität, Spaß im Job und Freude am Tun rangieren auf der Managementebene vieler Unternehmen noch ganz weit hinten. Da schwingt immer die Angst mit, sich lächerlich zu machen, nicht mehr als Respektsperson wahrgenommen zu werden, die lang und mitunter mühsam aufgebaute Seriosität zu verlieren …

Anders formuliert: Manche Führungskräfte haben die Sorge, dass Humor ihre jeweilige Botschaft abschwächt oder vom wichtigen Kern der Aussage ablenkt, sie weniger präsent macht und so die Glaubwürdigkeit limitiert. Genau das Gegenteil ist der Fall: Eine Botschaft mit entwaffnender Leichtigkeit zu transportieren deutet auf das klare Verständnis funktionierender Kommunikation. Sie zeigt dem Rezipienten (Sie können auch Zuhörer dazu sagen, ich wollte mich nur wieder einmal kompliziert ausdrücken, schließlich bin ich ja Arzt), dass Sie seine kostbare Zeit wertschätzen und dass es sich für ihn lohnt, Ihnen zuzuhören, Sie zudem eine Beziehung zu ihm aufbauen möchten und ihn informieren UND begeistern möchten.

Humor im Führungsverhalten bedeutet daher nicht, sich lächerlich vor seinen Mitarbeitern zu machen. Humor im Führungsverhalten bedeutet, Humor gezielt und ehrlich zu fördern und ihn selbst in der richtigen Situation mit der richtigen Dosis und Intensität einzusetzen, um Informationen, Anweisungen, Ziele und Botschaften effizient zu verankern.

Humor als »soziales Bindemittel« schafft Sympathie und Wohlwollen, entspannt kritische Situationen und hilft über peinliche Situationen hinweg. Humorvolle Menschen wirken anderen gegenüber souveräner, sympathischer und attraktiver. Zudem wird humorvollen Führungskräften eine höhere Kompetenz zugeschrieben. Für den humoraffinen Menschen ist neben einem erhöhten Selbstwertgefühl auch eine gesteigerte kreative Leistungsfähigkeit nachweisbar, so Prof. Dr. Lioba Werth, ihres Zeichens Wirtschafts- und Organisationspsychologin an der Universität Chemnitz.

»Nehmen Sie sich selbst nicht mehr so wichtig!«

Dabei gilt eine der wichtigsten Grundregeln, die da lautet: »Nehmen Sie sich selbst nicht mehr so wichtig!« Lernen Sie, auch über sich selbst, einen Fehler oder eine lustige Situation lachen zu können. Und zwar gemeinsam mit Ihren Mitarbeitern.

Zahlreiche Beispiele aus der Werbung und dem Marketing zeigen, wie Humor erfolgreich im Wirtschaftsleben genutzt werden kann. Im Verhandlungsalltag erzielen z.B. humorvolle, lockere Unternehmer entweder bessere Preise oder es werden ihnen größere Zugeständnisse hinsichtlich der Zahlungskonditionen, Lieferzeiten usw. eingeräumt. Auch in der Webung oder im Eventbereich funktioniert diese Strategie sehr gut. Sind die Konzepte von der Qualität her vergleichbar, gewinnt meistens die Agentur die Ausschreibung, die es versteht, das Entscheidungsgremium am besten zu unterhalten.

Oft genügt schon ein freundliches Lächeln oder eine nette, ehrliche und auf die Person konkret zugeschnittene Bemerkung, um sogar eine Konfliktsituation zu entschärfen. Gefährlich ist es jedoch und deswegen grundsätzlich abzulehnen, Humor im negativen Sinn einzusetzen. Mittels Sarkasmus, zynische Provokation oder Hänseleien sollte in beruflichen Situationen niemand zum Opfer gemacht werden. Und verwenden Sie Ironie nur, wenn Sie sicher sind, dass Ihr Gegenüber diese auch erkennt.

Humor als Baustein des Erfolgs

Auf die Lachmuskeln zielen, das Herz treffen!

Kann ich kreativ, humorvoll UND seriös sein? Entwarnung für alle ehrgeizigen Menschen: Man kann gleichzeitig hart und seriös arbeiten und dennoch Spaß haben. Kreative Menschen unterscheiden sich von weniger innovativen Menschen vor allem dadurch, dass sie Verbindungen zwischen Ideen herstellen, die andere nur sehen können, wenn sie darauf gestoßen werden.

Humor funktioniert genau so!

Humor zu verstehen und ihn zuzulassen braucht manchmal eine unorthodoxe Denkweise, einen emotionalen Perspektivenwechsel. Wenn man sich mit dieser Methode, die eigene, gelernte, »brave« Denkweise für neue Kanäle zu öffnen, vertraut gemacht hat, gelingt oft überraschend schnell die Verlagerung von üblichen Businessperspektiven auf neue Lösungswege. Der Grund: Humor stimuliert die eigenen kreativen Kräfte.

Klar können Sie mit einem Schlag Ihre Kultur in Richtung Humor, Nähe, Kreativität und Leichtigkeit tunen. Der bessere Weg – weil stimmiger – ist jener der kleinen Schritte: Die können nämlich – stetig und sorgsam gepflegt – auf lange Sicht zu großen, positiven Veränderungen führen.

Wie können Sie nun Humor in Ihr Business implementieren?

Hier ein paar Beispiele:

VERBLÜFFEN SIE IHRE KOLLEGEN!

❐ Offizielle Kundmachungen, Rundschreiben, Hausordnungen usw. werden viel eher gelesen und befolgt, wenn sie pointiert geschrieben und mit etwas Humor gewürzt sind.

❐ Wenn Sie ein Hotel oder ein Restaurant haben: Mit kreativen Speisekarten, die z.B. mit intelligentem Wortwitz garniert sind, beginnt der Genuss schon vor dem Essen.

❐ Nutzen Sie einmal das Intranet sinnvoll und teilen Sie die besten, nettesten, humorvollsten Kundenerlebnisse mit anderen und vergessen Sie dabei nicht Ihre eigenen kleinen Pannen. Fehler machen menschlich und sympathisch. Gehen Sie als gutes Beispiel voran.

❐ Wenn Sie einen Einzelhandel besitzen: Auch wenn Sie Chef sind, tragen Sie doch mal die Einkaufstüte selbst dem Kunden zum Auto. Positive Verblüffung ist garantiert.

SPIELEN SIE NICHT DEN CHEF, SPIELEN SIE MIT DEN MITARBEITERN!

Das Spiel hat im Leben der Erwachsenen leider an Bedeutung verloren. Ich meine nicht Computerspiele, davon gibt es jede Menge, diese sind jedoch nicht gerade das beste Beispiel für interaktive, lustige Kommunikation in der Gemeinschaft ...

Spielen ist jedoch auch für Erwachsene wichtig.

Spielen ist jedoch auch für Erwachsene wichtig: Es hilft nämlich nicht nur Kindern, mentale und kommunikative Fertigkeiten zu entwickeln, sondern auch dem Erwachsenen selbige wiederzuentdecken. Es bringt uns alle zusammen und ermöglicht uns, uns für eine kurze Zeit über die aktuellen, zum Teil belastenden Themen dieser Welt lustig zu machen und uns trotz des hohen Tempos unserer Zeit eine inspirierende Pause zu gönnen.

Die Psychologen am Mary Balwin College in den USA haben übrigens nachgewiesen, dass spielerischer Humor uns auch hilft, wieder klarer zu denken. Wenn Menschen im Job bei wichtigen Projekten das Gefühl haben, nicht mehr weiterzukommen, dann neigen sie relativ rasch dazu, ärgerlich, depressiv und aggressiv zu werden, mit daraus resultierender sinkender Arbeitsleistung.

Laut diesen Daten kann daher eine »therapeutisch« eingesetzte spielerische Humorpause helfen, die negativen Gefühle zu relativieren bzw. zu eliminieren, um im Anschluss daran mit vollem Tatendrang das Projekt mit einem anderen Lösungsansatz in Angriff zu nehmen.

Überlegen Sie mal, im Durchschnitt arbeitet heute ein berufstätiger Mensch zehn Stunden pro Woche mehr, als zur Zeit unserer Eltern, das ist mehr als ein weiterer Arbeitstag – Tendenz steigend.

Wirtschaftspsychologen prognostizieren für 2025 eine Tagesarbeitszeit von 11,5 Stunden!!! Da ist doch wirklich auch mal Platz für kreative Übungen, Denksportaufgaben oder, was ich sehr empfehlen kann: Improvisationsspiele, z.B. als Auftakt für ein Meeting, die wöchentliche Teambesprechung oder die lange gemeinsame Autofahrt zum nächsten Kundentermin. Mehr dazu an anderer Stelle.

WAS DER HUMOR ÜBER DIE PSYCHE VERRÄT

Kanadische Wissenschaftler haben in einer Studie vier unterschiedliche Humor-Typen ausgemacht. Der Humor lässt demzufolge Rückschlüsse auf die Persönlichkeit und auf die psychische Befindlichkeit zu. Wissenschaftler der University of Western Ontario befragten für diese Studie knapp 1.200 Menschen nach ihrem Humor.

Die vier Humor-Typen sind:

❑ Der Selbstunterhalter, der sich über die Welt amüsiert, sich optimistisch gibt und um andere Menschen bemüht ist.

❑ Der Unterhalter, der gern mit anderen zusammen lacht, kontaktfreudig und neugierig ist.

❐ Der Aggressive, der vorwiegend die sarkastische, ironische und zynische Seite des Humor benutzt, um andere zu kritisieren und dabei selbst ein unsicherer, verschlossener Zeitgenosse ist.

❐ Der Defensive, der kaum Witze macht, und wenn, dann jene vom Typus Selbstironie. Er ist auf seine eigenen Kosten humorvoll, da er ein geringes Selbstwertgefühl hat und tendenziell pessimistisch in die Zukunft schaut.

Wie legen wir nun diese Erkenntnis aufs Business um? Welche Humor-Typen finden sich in Ihrem Unternehmen, vielleicht sogar gerade jetzt direkt neben Ihnen im Nachbarbüro?

Auch hier unterscheiden wir vier Vertreter einer individuellen Business-Humorkultur:

○ In der hintersten Ecke des Großraumbüros sitzt der unfreiwillige Spaßvogel: Er lässt kein Fettnäpfchen aus, in das er nicht täglich voll Wonne hineintapst, beim Vorstandsmeeting trägt er eine Krawatte, auf der man noch die Tomatensauce vom gestrigen Pizzaabend findet, er schüttet den Kollegen seinen Kaffee in die Tastatur und bringt die wichtigen Firmendokumente statt zum Kopierer zum Datenschredder.

○ Der emsige Pointenlieferant hat einen Premium Account bei Google und überschwemmt die Kollegenschaft den ganzen Tag mit halblustigen Powerpointpräsentationen, Witzchen, Filmchen, US-Werbespots und Cartoons. Er spürt jede Kuriosität – und ist sie auch noch so albern – im Netz auf und verteilt sie freudestrahlend per Intranet-Rundmail an alle 2.500 Mitarbeiter. Sein internes Ansehen hält sich in Grenzen, zumal er neben seinen Funmail-Aktionen auch regelmäßig total antiquierte fotokopierte Cartoons mit Sprüchen in die Postfächer der Kollegen legt und infolgedessen stundenlang den Kopierraum blockiert.

○ Der lang gediente Insider ist seit 25 Jahren in der Firma und kann sich gar nicht mehr erinnern, wie lange er schon im Unternehmen ist. Er hat schon vier Vorstände überlebt und sitzt seit 18 Jahren in derselben Abteilung. Er kennt alle skurrilen Erlebnisse, alle Peinlichkeiten und Fauxpas der Führungskräfte und keine Anekdote ist ihm fremd. Akribisch sammelt er Zitate und Sprüche, jede Stilblüte der Betriebsratszeitung, die kleinen, feinen Fehler der Kollegen und die witzigsten Erlebnisse mit den Kunden, um sein Best-of alljährlich bei der Weihnachtsfeier zu präsentieren.

○ Der strategische Teilzeitlacher amüsiert sich vorwiegend – und dann meist lautstark und im ganzen Haus hörbar –, wenn ein direkter Vorgesetzter einen Witz macht, so unlustig er auch sein mag. Wirklich lustige Pointen und witzige Bonmots von Praktikanten, Sekretärinnen oder anderen hierarchisch Untergebenen werden nicht nur ignoriert, sondern noch nicht einmal mit einem Lächeln kommentiert.

Alles klar? Vielleicht kommt Ihnen ja jetzt das eine oder andere bekannt vor und Sie sehen nun auch den einen oder anderen Kollegen in einem anderen Licht?

Nun aber die wichtigste Frage: Zu welcher Kategorie würden Sie sich denn am ehesten zählen oder sind Sie vielleicht ein ganz eigener Humortyp und gerade auf der inneren Suche nach Ihrem persönlichen Heiterkeitsmodell?

Wenn ja, dann habe ich die nächsten Zeilen ganz speziell für Sie geschrieben.

Finden Sie Ihren eigenen Stil!

Das mit dem Stil habe ich jetzt extra für Sie hingeschrieben, weil das Wort »Authentizität« so schwer auszusprechen ist. Noch viel schwerer aber ist es, die eigene Authentizität zu finden. Ein bisschen leichter geht es, wenn Sie sich an meine Tipps halten. Denn wozu habe ich die alle aufgeschrieben, wenn sich eh keiner daran hält?

○ Seien Sie authentisch!

Sorry, ich konnte nicht widerstehen. Ich wollte das schon immer mal so machen wie in diesen Ratgeber-Kolumnen in den Zeitschriften. Wo die Leserfrage lautet: »Ich bin so schüchtern, ich trau mich nicht sie anzusprechen, was soll ich tun?« Und die Antwort darauf lautet: »Sprechen Sie sie an!«

○ Seien Sie Sie selbst!

Dieser Tipp ist jetzt aber wirklich ernst gemeint. Stellen Sie sich vor, Frank Elstner würde sich plötzlich wie Thomas Gottschalk kleiden, um dessen Einschaltquoten zu erreichen. Oder Verona Feldbusch würde Günter Jauchs Millionenshow-Moderation übernehmen, um ihren intellektuellen Ruf zu verbessern. Ganz ehrlich, das wollen wir uns doch alle nicht wirklich vorstellen, oder? In einfachen Worten ausgedrückt: Schuster, bleib bei deinen Leisten!

Alles klar?

○ Finden Sie Ihre Art von Humor!

Rücken Sie das, was Sie ausmacht, in den Mittelpunkt! Es gibt so viele Nuancen von Humor, da finden Sie bestimmt auch die Form, die Ihnen zusagt, hinter der SIE stehen können, die Sie repräsentieren.

Den letzten Tipp kann ich nicht oft genug geben, deswegen finden Sie ihn auch an anderer Stelle im Buch:

○ Halten Sie im Alltag Augen – und vor allem Ohren – offen.

Die komischsten Erlebnisse hat man oft im Supermarkt, in der Straßenbahn oder mit der Familie. Sammeln Sie all die Haha-Erlebnisse und skurrilen, witzigen Episoden. Schreiben Sie alles auf, aussortieren können Sie später immer noch. Und dann stellen Sie sich doch mal die Frage: Worüber kann ich selbst am meisten lachen? Über Wortspiele, Situationskomik oder doch eher über schwarzen Humor? Das, worüber Sie selbst am meisten lachen, ist auch die Art von Humor, die am besten zu Ihnen passt und die Sie demzufolge auch am besten an andere weitergeben können.

Humor als Ergänzung zur Kompetenz

Lernen Sie von den Kindern und lachen Sie, was das Zeug hält!

LACHEN, LACHEN, LACHEN – SIE HABEN'S ALLE EINMAL GEKONNT!

Haben Sie Kinder? Kennen Sie Kinder? Waren Sie mal eines? Falls Sie's vergessen haben – viele Menschen sind nicht einfach so groß geworden, die hatten sogar eine eigene Kindheit. Ich weiß nicht, ob Sie sich noch an Ihre erinnern können, vielleicht sogar daran, als Sie so drei, vier Jahre alt waren?

Wenn Ihnen Ihr Langzeitgedächtnis auf diese Frage nur gähnende Leere vermittelt – kein Problem: Beobachten Sie mal bei nächster Gelegenheit Kinder diesen Alters in Ihrem Freundes- und Bekanntenkreis.

Wenn ein Kind etwas malt oder zeichnet – nehmen wir mal an, ein Tier oder ein Familienmitglied –, dann überreicht es die fertige Zeichnung quietschfidel, stolz und mit einem strahlenden entwaffnenden Lächeln Oma oder Opa.

Leider hat diese Zeichnung in den seltensten Fällen etwas mit der Person zu tun, die sie darstellen soll, noch wurde hier irgendetwas der allgemeingültigen Farbenlehre entsprechend angefertigt: Es wurden keine Dimensionen oder Perspektiven beherzigt und Blassrosa, Spinatgrün bzw. Schlammbeige sind auch nicht gerade die Farben, die unser Auge erfrischen. Kurz – das Bild sieht grauenvoll und hässlich aus.

Dennoch freuen wir uns darüber wie die Schneekönige, weil es von einem kleinen Kind gemalt wurde, und wir gratulieren ihm zudem noch über die Maßen für diese Katastrophe auf Papier.

Ich fasse zusammen: Wir loben also ein wahrlich unansehnliches, hässliches Werk, beglückwünschen strahlend den Urheber für seine katastrophale Leistung und bedanken uns für seine Einsatzbereitschaft.

Ja, sind wir denn komplett verrückt?

Wo bleibt denn hier unser gelerntes Kritikverhalten, auf welche Grundlagen stützt sich unsere Bewertung (denn bestimmt gibt es irgendwo Kinder, die in diesem Alter schöner malen …) und wo sind die 100 Tipps, die wir im Beruf für ein solches Fehlverhalten immer parat haben?

Nein, wir stehen zufrieden da und bewundern ein Desaster aus dem Malkasten.

Und das Kind? Das ist stolz auf seine Leistung und teilt diese Begeisterung vorbehaltlos und voller positiver Energie seinem gesamten Umfeld mit.

Obwohl der Hund nicht aussieht wie ein Hund und Onkel Herbert vier Arme, dafür keine Nase hat, ist das Kind stolz auf seine Leistung.

Ein Kind macht Fehler und ist dennoch mit Eifer und Freude am Werken. Und ein Kind entschuldigt sich nie für ein – aus unserer Perspektive – fehlerbelastetes Bild!

Probieren Sie folgenden kleinen Test bei Ihrem nächsten Betriebsausflug im Autobus aus. Verteilen Sie weiße Blätter und Stifte an Ihr Team und fordern es auf:

»Sie haben zwei Minuten Zeit, Ihren Sitznachbarn zu zeichnen.«

Achten Sie dabei genau darauf, was passiert: Bereits nach den ersten Strichen beginnen die Leute sich zu entschuldigen. Zu entschuldigen für scheinbare Fehler, die sie vielleicht noch gar nicht gemacht haben – gleichsam prophylaktisch für eine nicht perfekte Zeichnung.

»Ich hab schon in der Schule nicht gut zeichnen können!«

»Du. Es tut mir echt leid, aber bitte nimm's nicht persönlich!«
»Ach, das ist mir jetzt peinlich …«
usw.

Es ist peinlich, Fehler zu begehen, weil unsere Welt keine Fehler verzeiht, das haben wir gelernt. Seit Kindheit an. Wir hören bis zu unserem 21. Lebensjahr durchschnittlich 150.000 Mal: »Nein, das darfst du nicht! Nein, das tut man nicht! Nein, das geht nicht so!« Irgendwann glauben wir es. Ein Kind ist stolz, Fehler zu machen. Und lacht auch noch darüber. Schallend, souverän und entwaffnend – über sich selbst!

Auch Führungskräfte dürfen Fehler machen!

Verstehen Sie mich nicht falsch: Ich will nicht Sie und Ihre Mitarbeiter zu mehr Fehlern im Job motivieren (das machen Sie bitte schon ganz alleine!) Nein, aber den Umgang mit solchen Fehlern ein wenig zu relativieren, hier ein wenig umzudenken, vor allem bei den eigenen Fehlern, das ist mein Ziel.

Und zu lernen: Auch Führungskräfte können und dürfen Fehler machen. Sie dürfen auch zu diesen Fehlern stehen und auch darüber einmal lachen.

Was bewirkt das? Welches interessante Phänomen tritt dann auf?

Sie verlieren dadurch nicht Ihre Kompetenz oder Seriosität (außer Sie machen täglich welche, dann sollten Sie sich fragen, ob der Job der richtige ist). Sie gewinnen stattdessen an Nähe und Menschlichkeit: Menschen verlieren nicht den Respekt vor Ihnen, weil sie Ihre menschliche Seite kennen. Ganz im Gegenteil! In Wahrheit wird Ihnen noch größerer Respekt zuteil, weil Sie den Mut haben, Ihre menschliche Seite zu zeigen.

Und Mitarbeiter wollen menschliche Chefs. Viele neue Studien besagen klar: Humor und Menschlichkeit sind die beste Ergänzung zur Kompetenz! Wohlgemerkt: Ergänzung, nicht Ersatz.

Aber was passiert, wenn's passiert, wenn Ihre humorvolle, kreative Aktion (siehe oben) nicht den gewünschten Erfolg bringt? Werden Sie es dann nie wieder versuchen, werden Sie Humor nie wieder eine Chance geben und werden Sie mich verfluchen und dieses Buch verbrennen? Ich hoffe, nichts von alledem!

Lassen Sie Fehler zu, seien Sie menschlich! Sie glauben gar nicht, wie gut das allen tut.

Ich erzähle Ihnen ein kleines Beispiel aus meinem Leben: Wenn ich mit meinem Kabarettpartner auf der Bühne stehe und wir selbst über eine lustige Textstelle lachen müssen (obwohl wir das ja als »Profis« nicht tun sollten, weil das als Zeichen von Schwäche und Inkompetenz ausgelegt werden könnte), und dabei dann komplett den Text vergessen, dann erzeugt so ein Fehler immer einen besonderen, herzlichen Zusatzapplaus, sinnbildlich ein akustisches Danke für »Gott sei Dank, hier stehen Menschen auf der Bühne und keine Schauspiel-Maschinen!«

Doch zurück von den Brettern, die die Welt bedeuten, zum harten Businessparkett.

89

Leistung, Leistung, Leistung. Das wäre doch gelacht, wenn's nicht noch was anderes gäbe!

Wenn ich bei diversen Veranstaltungen so manchen meiner Vorredner erlebe und dann Begriffe wie »Humankapital« (statt Menschen) vernehme, dann fehlen mir die Worte.

Leider sind immer noch zu viele Manager der Meinung, dass Betriebswirtschaft steril und zu 90 Prozent auf Zahlen ausgerichtet sein muss und dass der menschliche Faktor zweitrangig ist. Diese nüchterne Denkweise geht auf eine Zeit zurück, als Menschen scheinbar wirklich nur als kleine Rädchen im Getriebe der Industrie betrachtet wurden. Diese Zeiten sind Gott sei Dank vorbei! Spaß, Humor und Freude gehören zum Leben. Wenn Führungskräfte in ihren Mitarbeitern Menschen sehen, die produktiver und engagierter sind, wenn sie Spaß im Job haben und diesen auch leben dürfen, so macht dies in verschiedenen Bereichen den entscheidenden Unterschied. Doch dieser Spaß muss echt sein.

Bestimmt kennen Sie das »Great Place to Work®-Institut«. Erhebungen der Daten von weit mehr als einer Million Arbeitnehmern durch diese Organisation haben ergeben, dass ausgezeichnete Unternehmen, von Jahr zu Jahr bessere Ergebnisse im Bereich »Spaß« erzielen. Die hier relevant-messbare Bewertungsfrage in der Umfrage lautet: »Hier zu arbeiten macht Spaß?« (Ja, Nein plus Gradierung)

In der Liste des Fortune Magazines der »100 Best Companies to Work For«, die von Great Place to Work® erstellt wird, antwortete eine unglaublich große Anzahl der Arbeitnehmer, durchschnittlich 82 Prozent, dass sie in einem angenehmen, freud- und humorvollen Umfeld tätig sind. Und das Beste daran: Beschäftigte der Top 100 haben auch die beste Zeit!

Anders ausgedrückt: Die Schwere hat die Leichtigkeit erdrückt!

Fragt man bei modernen, engagierten Führungskräften nach ihrer Karriereentwicklung, geben fast alle zu, dass sie durch den ständigen Druck, Leistung zu erbringen, durch die Sucht und dem Streben nach

Erfolg und Annerkennung sowie letztlich infolge des internen und externen Konkurrenzkampfs die angeborene kindliche Neigung zu Spiel, Spaß und Lockerheit verloren haben. Anders ausgedrückt: Die Schwere hat die Leichtigkeit erdrückt!

Jene jedoch, die diese Lockerheit, den Humor und die Freude ganz bewusst wieder gefunden und wiederentdeckt haben, beschreiben einen enormen emotionalen und erfolgsgetriggerten Höhenflug!

Konkret heißt das: Menschliche, humorvolle und auch mal Fehler machende und Fehler eingestehende Chefs sind beliebter bei ihren Mitarbeitern und können weitaus mehr Leistung einfordern als autoritär fokussierte und damit distanzierte Vertreter des Managements.

Die Bereitwilligkeit eines Arbeitnehmers, seinem Unternehmen zusätzlich mehr Zeit- und Identifikations-Ressourcen zur Verfügung zu stellen, hängt signifikant von dem menschlichen Führungsstil ab, bei dem auch Nähe, Wertschätzung und Humor einen wichtigen Platz einnehmen.

Was passiert in einem Unternehmen, das das enorme Potenzial von Humor in der internen und externen Kommunikation erkannt hat, ihn als einen wichtigen Parameter in die Führungs- und Firmenkultur implementiert und dies auch top-down vom CEO bis zum jüngsten Lehrling mit Herz, Hirn und Engagement lebt?

Warum kann man mit dieser Philosophie und Strategie eigentlich nur Erfolg auf allen Linien haben?

Tolle Beispiele von internationalen Konzernen und Studien dazu geben eine Antwort.

Soziale Intelligenz – ja bitte!

Der Havard-Psychologe Daniel Goleman nahm die zunehmende Aggressivität der US-Amerikaner zum wissenschaftlichen Anlass, die Wichtigkeit von emotionaler Intelligenz und Humor im Führungsverhalten zu erforschen. Seine Schlussfolgerungen seien hier kurz zusammengefasst:

Ein gelassener, freundlicher Chef, der noch dazu zuhören und auch über sich lachen kann, bildet in kürzerer Zeit und mit Nachhaltigkeit ein motiviertes und produktives Team an Mitarbeitern als ein strenger, distanzierter und schlecht gelaunter Vorgesetzter. »Der Umgang mit den eigenen Emotionen ist für den Erfolg eines Menschen genauso wichtig wie sein IQ«, meint Goleman.

Der Psychologe stützt sich in seiner Arbeit auf die Erkenntnisse der modernen Hirnforschung, die beweisen, dass unsere emotionalen Zentren in negativ getriggerten Stresssituationen die höheren Funktionen unseres Gehirns blockieren können. Anders ausgedrückt: Schlechte Laune lähmt unsere Kreativität und unser logisches, strategisches Denken.

Raus aus der Komfortzone! Gehen Sie das kleine tägliche Risiko ein, springen Sie über Skihütten im daily Business. Sie werden sehen, Sie werden genauso viel Spaß haben wie damals. Geben Sie dem Humor den Raum, den er verdient. Und haben Sie auch den Mut zum Scheitern.

Die folgende kleine Geschichte mag Ihnen vielleicht als Input oder Warm-up für Ihre nächste Präsentation dienen:

Eine Bäuerin hatte drei Hühner, die legten ihre Eier immer in das gleiche, gemeinsame Nest. Leider fanden sich aber jeden Tag nur zwei Eier darin. Die Bäuerin entschloss sich daher, der Sache auf den Grund zu gehen. Sie beobachtete, dass zwei Hühner immer laut gackernd vom Nest kamen, das dritte, immer dasselbe, sich leise davonschlich. Der nötige Entschluss war schnell gefasst: Das stille, bescheidene Huhn landete im Suppentopf. Am nächsten Tag aber war ihre Überraschung umso größer: Die Bäuerin fand nur noch ein Ei im Nest!

Aus dieser Geschichte können wir folgenden Schluss ziehen: Es gackern viele, auch solche, die keine Leistung bringen – oder aber:

Eine Leistung zu erbringen, ohne zu gackern, kann lebensgefährlich sein!

Humor als Motivationsfaktor

Humor ist einer der stärksten Motivationsfaktoren unserer Zeit. Nein, denken Sie jetzt nicht an Ihre Mitarbeiter, denken Sie an sich selbst. Denn motivieren kann man nur sich selbst. Das aber richtig und rund um die Uhr.

Vermeiden Sie es daher, Ihre Mitarbeiter auf »sogenannte« Motivationsseminare zu schicken. Klar, Sie meinen es gut und wertschätzend und wollen Ihrem Team etwas Gutes tun. Doch überlegen Sie einmal, was sich da ein Mitarbeiter denkt, wenn er MOTIVATION verordnet bekommt ... Sehen Sie!

Nachhaltige Motivation fördern können Sie, indem Sie Ihre Mitarbeiter bei einer guten Leistung, gewissermaßen in flagranti, ertappen und sie sofort, persönlich und konkret dafür loben. Sie fühlen sich wertgeschätzt und sind dadurch auch überzeugt, ein wichtiger Bestandteil des Unternehmens zu sein. Ein Lob, ein ehrliches Kompliment mit einem Lächeln garniert, ist das wertvollste Geschenk, das Sie einem Mitarbeiter machen können und das nichts kostet.

Ein Lob, ein ehrliches Kompliment mit einem Lächeln garniert, ist das wertvollste Geschenk ...

Motivationsförderung gelingt auch durch gezielte, verbindende, herzliche, teambildende Veranstaltungen.

Viele Manager sind aber nach wie vor nur widerwillig bereit, in den Spaß ihrer Mitarbeiter zu investieren, was ich sehr, sehr schade finde, weil sie sich um enormes Motivations-Loyalitätspotenzial bringen.

Stattdessen: Gestrichene Jahresendfeiern, inhaltsschwere, überfrachtete Teammeetings ohne Entertainment, trockene Seminare ohne Funfaktor, dafür aber compliancegerecht, corporateaffin und rechtlich im supraoptimierten Bereich. Alles unter dem Deckmäntelchen der Krise. Wofür muss diese arme Krise nicht alles herhalten: für Einsparungen jeglicher Art, für Restriktionen, für viele »Umstrukturierungen«.

»Wir würden ja gerne, aber in Zeiten wie diesen ...« Diesen Satz kann schon wirklich niemand mehr hören. Ja, wir befinden uns in einer neuen Realität, und es wird sicher nie mehr so sein wie früher. Aber Zukunft war immer schon und dieser sollte man mit ein wenig Humor und positiven Gedanken begegnen, will man in ihr reüssieren.

Spaß sollte – nein MUSS eine Position im Budget sein!

Das Meinungsforschungsinstitut Gallup stellt zur Mitabeiterzufriedenheit fest: »Sind Arbeitnehmer von ihrem Job gelangweilt oder gar demotiviert, leidet das ganze Unternehmen. Studien belegen, dass 70 Prozent aller Berufstätigen keinen Spaß an ihrem Job haben. Die emotionale Bindung und Loyalität fehlt gar bei 90 Prozent. Schätzungen zufolge verlieren österreichische Unternehmen jedes Jahr die unvorstellbare Summe von vier Milliarden Euro – und zwar nur deswegen, weil sich viele Mitarbeiter innerlich bereits von ihrer Firma losgesagt, um nicht zu sagen, gekündigt haben.« (Quelle: Gallup)

Im gesamten EU-Raum zeigt sich ein ähnliches, oft noch dramatischeres Bild!

Humorvolle Menschen können sich selbst besser motivieren und sind leistungsfähiger. Humor wirkt auf die Selbstmotivation positiv, da sich die Menschen von ihrem Tunnelblick befreien und den Blick auf das Ganze bekommen. Dieser Überblick und die Tatsache, dass sie eine sinnvolle Tätigkeit ausführen, die bewusst von dem Management wahrgenommen wird, stärken die Leistungsbereitschaft und die Motivation.

Daraus folgt für mich: Betriebswirtschaftlich betrachtet, sind Humor und das Schaffen einer Wohlfühlatmosphäre die besten und kostengünstigsten Möglichkeiten, Mitarbeiterfluktuation zu verhindern, das Engagement zu stärken und die Produktivität zu steigern.

BEISPIEL SIND WIR OFT – VORBILD NUR SELTEN!

Wenn Sie Menschen motivieren wollen, dann sollten Sie natürlich primär selbst als leuchtendes Vorbild wirken. Ihre eigene Leichtigkeit kann Energie freisetzen, Ihre Lockerheit kann Problemen und Konflikten die Schärfe nehmen und damit rascher zu konstruktiven Lösungen führen und Ihre Menschlichkeit kann Berge versetzen. Wenn Sie als Chef diese Philosophie strategisch leben, dann brauchen Ihre Mitarbeiter kein Motivationsseminar, denn dann sprühen sie selbst und ganz freiwillig von Energie, Teamgeist und Erfolgswillen!

Fördern, fordern und freuen! Diese drei Zauberworte sind die beste Motivation für alle!

Humor als paradoxe Intervention

Im Folgenden möchte ich Ihnen zum einen kurz einen interessanten Weg vorstellen, mit dem Sie negative Spannungen in der Kommunikation kreativ und humorvoll lösen können, zum anderen möchte ich Ihnen auch die Grenzen von Humor klar aufzeigen.

Kommen wir als Erstes zur humorvollen, paradoxen Intervention, eine Methode, die Paul Watzlawik mitentwickelt hat.

Obwohl dieses psychologische System schon in andere Bereiche der Kommunikation für Führungskräfte hineinspielt, möchte ich es dennoch kurz erwähnen, da hier – wenn man die Methode beherrscht – auch entwaffnender Humor eine große Rolle spielt.

Die humorvolle paradoxe Intervention wird manchmal auch als Reframing, Judomethode oder die sanfte Kunst des Umdeutens bezeichnet.

Sie basiert, trivial ausgedrückt, auf der Idee, Handlungen pointiert zu verbieten oder sogar »paradoxerweise« zu fördern, um der Person zu zeigen, dass es auch andere, bessere Sichtweisen einer bestimmten Konfliktsituation gibt.

Dr. Gerhard Schwarz, Philosoph und Spezialist für Gruppendynamik, macht in diesem Zusammenhang auf einen weiteren Erfolgsfaktor aufmerksam: Lachen löst Konflikte und wirkt sich damit sozusagen positiv auf die Gesundheit eines Sozialgebildes aus. Wenn es gelingt, die Konfliktparteien zum Lachen zu bringen, ist der Konflikt schon fast gelöst. Ein Mediator kann sich für die Lösung von Konflikten der humorvollen Intervention bedienen. Bei der Verwendung von Humor findet ein Perspektivenwechsel statt, welcher die Flexibilität fordert und fördert.

Doch zurück zur Judomethode. Warum heißt sie so?

Beim Judo nutzt der Angegriffene den Schwung des Angreifers für sich aus, indem er die Zielrichtung des Angriffs und Angreifers bestätigt und verstärkt. Auf diese Weise lassen sich festgefahrene Automatismen und Denkweisen aufbrechen und eine einfachere Problemlösung kann gefunden werden.

Das funktioniert genauso gut verbal: Man macht sich den Gegner zum Verbündeten und akzeptiert seine Argumente inhaltlich. Nun entsteht eine sehr widersprüchliche, paradoxe Situation. Der Angreifer läuft ins Leere, denn durch die fehlende Gegenwehr ist ihm der Wind aus den Segeln genommen. Diese Technik ist somit optimal zum Einsatz bei aggressiven Diskussionspartnern oder Zuhörern geeignet und auch äußerst zweckdienlich zur Bewusstmachung von sogenannten Killerphrasen.

Zur Veranschauung hier ein paar Killerphrasenbeispiele:

❐ »Na, mit solchen, tollen Ideen werden Sie es bei uns im Unternehmen nicht weit bringen!«

❐ »Ja, toller Input, werte Frau Kollegin, aber auf diese Idee sind wir bereits vor sechs Jahren gekommen. Und dass es funktioniert, haben Sie ja bereits gesehen. Also wahrlich nichts Neues, was Sie hier vorschlagen!«

❐ »Diese Methode mag vielleicht im Unternehmen XY funktionieren, aber nicht bei uns.«

Eine Antwort auf die letzte Killerphrase im Sinne der Judomethode könnte lauten: »Das Unternehmen XY ist doch höchst erfolgreich, ich denke, wir können von den Erfolgsparametern nur profitieren!«

Ein letztes Beispiel für eine Killerphrase:
❐ »Das Produkt XY ist doch viel zu teuer.«
Mögliche Antwort: »Vielen Dank für die Frage nach der Investition für unser neues XY.«

97

Humor und seine Grenzen

Humor kann auch verdammt gefährlich sein ...

Die Gefahr besteht, dass auf Kosten anderer gelacht wird und Humor intolerante und berechnende Züge annimmt. Damit werden die Grenzen des Humors in jedem Fall überschritten. Umso wichtiger ist es, dass letztere bei jeder Anwendung beachtet werden.

Das folgende Beispiel falsch empfundenen Humorverständnisses (übrigens gehört von einem Topmanager bei einem Seminar in einem großen deutschen Unternehmen) drückt diese Gefahr sehr deutlich aus:

»Ich hab so einen Gag, wenn ich einem Mitarbeiter kündige, dann sage ich manchmal: ›Herr Müller, es wird schwierig hier ohne Sie, aber wir wollen es zumindest versuchen!‹«

Hierzu erspare ich mir jeden weiteren Kommentar, den ich mir natürlich, als ich diese Aussage hörte, nicht verkneifen konnte ...

Der Humorpionier und Psychologe Thomas Holtbernd stellt zwar vollkommen zu Recht fest, dass die Grenzen dessen, was als witzig empfunden wird, bei jeder einzelnen Person woanders liegen, da jeder Mensch einen unterschiedlichen Humorcharakter hat und im Laufe seines Lebens einen eigenen Umgang mit Humor entwickelt. Obiges Beispiel geht aber in jeder Beziehung zu weit.

Es ist wichtig zu wissen, dass Humor situations- und gefühlsabhängig ist. Das bedeutet, dass ein und dieselbe humorvolle Bemerkung in unterschiedlichen Situationen verschiedene Auswirkungen haben bzw. je nach persönlicher Verfassung unterschiedlich aufgenommen werden kann. Was für den einen zu weit geht, ist für den anderen eher harmlos. Deswegen gilt für mich die klare Regel: Im Zweifel NEIN!

Holtbernd gibt in einem seiner Bücher ein paar Bonmots aus der Welt der Gesetzestexte zum Besten, die so skurril und grotesk sind, dass sie zum Schmunzeln anregen. Hier ein paar Kostproben, in denen das Lachen Thema und Inhalt der Vorschrift ist:

Haben Sie z.B. gewusst, dass in New York im Umkreis von 30 Metern eines öffentlichen Gebäudes nicht gelächelt werden darf?

Hingegen darf man sich in Pocatello, Idaho, in der Öffentlichkeit nicht ohne ein Lächeln auf dem Gesicht blicken lassen.

In Deutschland ist es verboten, mit einer Pappnase, einem falschen Bart oder einem bemalten Gesicht an öffentlichen Versammlungen und Aufzügen teilzunehmen. Ein solcher Verstoß wird mit einer Freiheitsstrafe von bis zu einem Jahr oder mit einer Geldstrafe geahndet.

In seiner wissenschaftlichen Arbeit hält Holtbernd weiter fest: Es geht oft nicht darum, ob ein Witz oder eine lustige Bemerkung zu weit geht, sondern vielmehr stellt sich die Frage, ob der Witzerzähler an seinem Gegenüber interessiert ist. Wenn ja, besitzt er auch die nötige Sensibilität, den richtigen Zeitpunkt und die richtige Art und Weise der humorvollen Intervention zu wählen. Aus meiner eigenen jahrelangen Erfahrung kann ich dieser Erkenntnis nur voll beipflichten!

Nebenbei sei bemerkt: Unter den Humorwissenschaftlern wird zwischen therapeutischem Humor und Unterhaltungshumor unterschieden. Ein Kabarettist, Comedian oder ein Clown will Spaß vermitteln. Vielleicht hat er auch eine Botschaft, die er dem Publikum vermitteln will. Er ist jedoch nicht am Humor als Katalysator für Entwicklungsschritte interessiert. Der Kabarettist will den Zuhörer vielleicht zum Denken anregen, doch sein vorrangiges Ziel ist das meist nicht.

Therapeutischer Humor wird jedoch gezielt und überlegt eingesetzt. Im Vordergrund steht nicht die Unterhaltung, sondern der Denkanstoß, die Reflexion, um anhand der komischen Situation mit der ernsten Situation besser umgehen zu können.

Eines sei hier noch ergänzt: Humor verbessert alleine nicht eine ungeliebte Arbeit oder Arbeitsatmosphäre, die innere Einstellung zur Aufgabe ist ausschlaggebend. Jede Arbeit sollte – und ich weiß, das ist ein schönes Wunschbild, aber warum darf man sich nicht mal was wünschen – jede Arbeit sollte mit Begeisterung und Enthusiasmus getan werden; ganz nach dem Motto: »Love it, leave it or change it.«

»Wenn Sie Ihren Job nicht lieben, können Sie es sich nicht leisten, ihn zu behalten.«

Die gesundheitlichen Auswirkungen des Humors

Humor statt Tumor – ein Arzt packt aus!

Alles chattet, loggt, simst, twittert und einen Virus auf dem PC entdecken wir eher als eine Laus, die unseren Mitmenschen über die Leber gelaufen ist. Und Läuse auf der Leber sind nichts Gutes, glauben Sie mir, ich bin Arzt!

Lust auf ein kleines Experiment?

Schließen Sie die Augen und lächeln Sie ca. 15 Sekunden lang. Sie werden merken, dass nach wenigen Augenblicken vorwiegend positive Gedanken vor Ihrem geistigen Auge erscheinen, verbunden mit einem angenehmen, wohligen Gefühl. Ja, so funktioniert unser genialer Körper, allein das proaktive Nachobenziehen der Mundwinkel, im Volksmund auch Lächeln genannt, verändert sekundenschnell unsere innere Gefühlswelt und auch unseren Hormonstatus. Dazu gleich mehr.

Nun zum zweiten Teil unserer Übung.

Lächeln Sie weiter – und versuchen Sie gleichzeitig, sich über irgendetwas zu ärgern. Sie werden merken, dies gelingt nahezu nicht, zu sehr sind unser Körper und unsere Steuerzentrale, unser Gehirn, bestrebt, uns mit positiven Emotionen so lange wie möglich zu versorgen.

Und nun zum letzten Teil unserer kleinen »hochwissenschaftlichen« Versuchsreihe:

Kneifen Sie die Augen zusammen oder verengen Sie Ihren Blick. Legen Sie Ihre Stirn in Falten, ballen Sie die Fäuste, beißen Sie die Zähne zusammen, und atmen Sie einige Male kräftig in Ihren Solarplexus – ich verspreche Ihnen, in wenigen Augenblicken wird ein ungutes Gefühl auftreten und Sie empfinden Ärger und wissen eigentlich nicht warum.

Wie sehr Gesundheit mit Humor, guter Stimmung und förderlicher Leistung zu tun hat, beweisen auch alte »Binsenweisheiten«, die wahrlich keine sind. Aussprüche wie: »Das Problem liegt mir schwer im Magen«, »Das geht mir an die Nieren« oder »Da kommt mir die Galle hoch« kennen Sie bestimmt.

Diese negativen Emotionen, wie Ärger, Wut oder Zorn, sind meist mit unterschiedlichen Körperreaktionen verbunden, z.B. Druck im Magenbereich (»Wut im Bauch«), Anspannung im Brust- und Nackenbereich (»Schweren Herzens …«), Anspannung im Kiefer- und Stirnbereich, Verengung der Augen usw.

In abgeschwächter Form passieren diese Reaktionen sogar, wenn Sie das Wort »Ärger« einige Male hintereinander nur denken, wie in unserem kleinen Experiment.

Das Empfinden von Ärger löst bestimmte Reaktionen auf der Körperebene aus.

Haben Sie den Satz »Ich ärgere mich« einmal genau angesehen? Also: Wer ärgert hier wen? ICH ärgere MICH! Es ist doch doof, sich selbst etwas Unangenehmes anzutun, oder? Das bedeutet, ich selbst habe es oft in der Hand, ob ich den Ärger hochkommen und in mir wüten lasse oder ob ich eine Sache mit Humor und Leichtigkeit nehme! Hier ist der richtige, frühe Zeitpunkt entscheidend.

Die medizinischen Auswirkungen auf unseren Körper sind frappierend: Zwölf Prozent aller Krankenstände sind bereits durch psychogene, meist depressive Zustandsbilder verursacht.

Burn-out ist in und nebenbei bemerkt die liebste Diagnose jedes Feuerwehrmanns!

Warum wohl? Wir sind live dabei, wenn auf der anderen Seite der Erde ein Vulkan ausbricht (böse Zungen behaupteten allerdings, es wäre gar kein Vulkan gewesen, sondern die Isländer hätten nur ihre Schuldscheine verbrannt), aber schwelende Probleme unter dem eigenen Teppich nehmen wir gar nicht erst wahr. Bis wir selbst explodieren …!

Wer jetzt den Griesgram gibt, verstärkt die schlechte Stimmung. Gut gelaunte Menschen dagegen erhöhen die Produktivität: Fröhliche Kollegen machen durchschnittlich 160 Verbesserungsvorschläge, Dauerpessimisten nur 7,4 ermittelte das Marktforschungsinstitut Ifak.

Mein Tipp: Der erste Schritt besteht darin, dass Sie den Ärger im Augenblick seines Entstehens wahrnehmen. Versuchen Sie ihn innerlich gleich zu stoppen bzw. lassen Sie ihn »vorübergehen« und vermeiden auf diese Weise, im eigenen Drama zu verharren. Im Gegenzug dazu starten Sie bewusst mit einer positiven Emotionsspirale.

Es gibt immer eine Gelegenheit für gute Laune!

Mit jemandem, den ich nicht kenne, lache ich nicht gerne! Klarer Fall, also, was ist zu tun?

Es gibt viele Möglichkeiten, um ganz bewusst und gezielt die interne Kommunikation auf eine andere humorvolle, entspannte Ebene zu heben, ohne gleich jeden Tag zum Feiertag auszurufen und Gründe dafür zu finden, weniger zu arbeiten. Das ist damit sicher nicht gemeint. Ebenso wenig wie die üblichen Geburtstagsumtrunke zwischen 16:00 und 16:15 Uhr.

Ich meine Folgendes: Kommunizieren Sie kleine Erfolge mit großem Herz!

- ❏ Gibt es derzeit einen beruflichen Erfolg zu feiern?
- ❏ Bekommen Sie einen neuen Mitarbeiter?
- ❏ Arbeiten Sie selbst in einem neuen Team?
- ❏ Haben Sie eine Ausschreibung gewonnen?

Stellen Sie sich einander vor, machen Sie sich miteinander bekannt, lassen Sie andere an Ihrer Freude teilhaben. Tauschen Sie auch mal Privates aus.

Wissenschaftliche Daten belegen: Emotionale Kontakte verbunden mit strategischem Denken und Bewusstsein für deren Wirkung erhöhen die Lachhäufigkeit und schaffen außerdem ein Gefühl des Vertrauens, eine Atmosphäre von Nähe und Wertschätzung! Wenn die richtigen Menschen mit der richtigen positiven Einstellung in der richtigen Stimmung zusammenarbeiten und dabei auch dem Humor entsprechenden Raum geben, dann sind die positiven Ergebnisse und der Erfolg vorprogrammiert.

Gute Stimmung ist somit Entscheidungssache. Wenn Sie Gute-Laune-Killer in Ihrem Umfeld ignorieren und stattdessen beschließen, Ihren Job gerne zu machen, werden Sie bessere Laune bekommen. Probieren Sie es aus! Nichts ist gesünder in der Welt, als sich ab und zu – krankzulachen!

Nichts ist gesünder in der Welt, als sich ab und zu – krankzulachen!

Der extravagante britische Ökonom David B. Sanders sagt dazu: »Ein Unternehmen, das die interne Humorkultur fördert, wo Mitarbeiter miteinander viel Spaß haben, ihre kleinen und großen Erfolge feiern dürfen und sich wohlfühlen, besitzt eine unversiegbare Quelle an

Kreativität und Profitabilität. ›Let your staff have fun – and watch your organisation rise.‹«

Wir haben es daher oft selbst in der Hand, für unser berufliches und privates Seelenheil etwas zu tun und unserem Körper den richtigen hormonellen Wohlfühlkick zu geben.

Geben Sie also der guten Stimmung eine Chance!

Dazu hebe ich gerne meine medizinische Schweigepflicht auf und lade Sie herzlich in die Wunderwelt unseres Körpers ein.

Willkommen im Glückshormon-Orchester

Bestimmt haben Sie schon von den süßen, kleinen Glückshormonen gehört. Diese Glückshormone befinden sich ja in aller Munde, kommen aber vornehmlich in unserem Gehirn vor. (Viele Menschen haben ja eines.)

Voll motiviert und jederzeit bereit warten sie dort, nur um endlich freigesetzt zu werden und uns in eine positive, freudige Hochstimmung der Euphorie zu versetzen, Schmerz zu lindern, Stress zu senken und unseren Blutdruck zu normalisieren!

Wenn wir lachen, wenn wir uns wohlfühlen, aber auch wenn es uns nicht so gut geht – für vieles ist unser Hormonhaushalt verantwortlich. Und wie oben bereits angesprochen: Wir können unseren Hormonhaushalt bis zu einem gewissen Grad positiv steuern. Coole Sache, oder?

Alles klar? Zu trivial?

Kein Problem, ich kann's Ihnen auch wissenschaftlich erklären:

Serotonin, für die chemisch Interessierten unter den Lesern 5-Hydroxitryptamin (ich prüfe das nachher ab), ist ein Hormon oder Neurotransmitter-Botenstoff und in seiner chemischen Struktur ein biogenes Amin, eine Aminosäure, die Signale zwischen Zellen überträgt.

Serotonin kommt in sehr hoher Konzentration im Zwischenhirn, dem Hypothalamus vor, des Weiteren in den Blutplättchen, den Thrombozyten, und ist darüber hinaus in besonderen Zellen der Darmschleimhaut zu finden. Es wird im Harn ausgeschieden.

Serotonin ist ein Botenstoff für Nervenzellen, den der Körper überwiegend selbst hergestellt. Er spielt bei Depressionen eine bestimmte Rolle, da man festgestellt hat, dass der Serotoninspiegel im Gehirn von Depressiven scheinbar niedriger ist als bei Gesunden.

Da Sonnenlicht die Produktion des Glückshormons Serotonin intensiviert, ist es wichtig, so oft wie möglich an die frische Luft zu gehen. Der Aufenthalt im Freien ist also ein natürliches Mittel gegen Depressionen. Unterstützt wird dieser Effekt durch körperliche Aktivität.

In wissenschaftlichen Studien konnte zudem belegt werden, dass Bewegung in Form von Ausdauersport eine depressive Verstimmung und sogar auch ein ausgeprägtes depressives Krankheitsbild lindern kann.

Das Serotonin ist auch der beste Freund des Sandmännchens, da unsere Zirbeldrüse, die Epiphyse, die winzigen Serotonin-Moleküle speichert und über Nacht daraus das Schlafhormon Melatonin erzeugt. Neben Melatonin ist Serotonin selbst auch für den optimalen und entspannenden Schlaf- und unseren Biorhythmus von Bedeutung.

Serotonin beeinflusst psychische Verhaltensformen, es wirkt auf unsere Sexualität, unsere körperliche Temperaturregelung, Muskelbewegungen, Drüsenfunktionen, Schmerz, Migräneanfälligkeit, Blutdruckverhalten und Herzfunktionen. Und – beinahe hätte ich es vergessen – auf unser Erinnerungs- und Lernvermögen.

Na, klingt doch sensationell – unsere kleine Dopingstation im Körper!

Die wichtigste Funktion im Zusammenhang mit dem vorliegenden Buch ist jedoch die Tatsache, dass Serotonin für die glückliche, euphorische Stimmung verantwortlich ist. Zudem erhöht es gemeinsam mit Testosteron das Lustempfinden und macht Menschen bereit, mit fremden Menschen in nahen Kontakt und in emotionale Beziehungen zu treten.

Auch Musik und manche Lebensmittel wie Ananas, Avocados, Sojabohnen, Paranüsse, Cashewkerne, Bananen in dunkler Schokolade oder Papayas haben eine positive Auswirkung auf die Serotonin-Produktion und Sekretion.

Der ultimative, allumfassende Tipp Ihres Lieblingsarztes lautet daher: Wer Haus bzw. Wohnung nicht verlassen möchte, sollte zumindest seinen Heimtrainer oder sein Mini-Trampolin vor ein geöffnetes, sonniges Fenster stellen und bei seiner Lieblingsmusik nachher eine Schokolade oder eine Papaya essen und kann damit frisch-freche Glückshormone freisetzen.

Aber damit nicht genug aus unserem inneren Glückslabor! Wenn wir etwas Schönes sehen oder erfahren, setzen wir Dopamin frei. Ähnliches geschieht, wenn wir uns für etwas begeistern oder kreativ aktiv sind und – auch das haben neueste Forschungen ergeben – wenn wir bloß daran denken!

Bei einem Test, der von Verhaltensforschern in den USA durchgeführt wurde, waren zehn Frauen und zehn Männern Cartoons präsentiert worden. Diese mussten sie in einer Humorskala bewerten. Währenddessen wurde ihre Hirntätigkeit untersucht. Das Ergebnis: Je lustiger Frauen einen Cartoon fanden, desto aktiver wurde ihr »Belohnungszentrum« im Gehirn. Männer dagegen schienen die Cartoons von Anfang an lustig zu finden.

Wenn Frauen die Pointe eines Scherzes wahrnehmen, dann werden in ihrem Gehirn mehr Sensoren und diese rascher aktiviert als bei Männern. Dieser kleine Test könnte also auch ein Hinweis darauf sein, dass Frauen Humor aus hormoneller Sicht produktiver genießen können als Männer.

Lachen regt die gleiche Gehirnregion an wie Kokain, haben Dean Mobbs und seine Kollegen von der kalifornischen Stanford-Universität mithilfe von Magnetresonanztomographen festgestellt. Sie hatten 16 Probanden ebenfalls Comics vorgesetzt und dabei die Gehirnaktivität überwacht. Die Region »Nucleus accumbens« reagierte am stärksten auf die witzigen Zeichnungen, wie der Online-Dienst des Fachblatts »Nature« berichtet.

Das Hirnareal wird mit dem erwähnten Botenstoff Dopamin überschüttet, wodurch ein Belohnungsgefühl und Euphorie entstehen. Der

Nucleus accumbens ist auch für das Hochgefühl nach Kokaingenuss verantwortlich – übrigens genauso wie für die Hochstimmung bei der Aussicht auf viel Geld.

Unser Gehirn und unsere Nervenzellen wandeln Dopamin in den Euphoriestoff Noradrenalin um. Es steigert die Freude, die Motivation, die Aufmerksamkeit und die geistige Leistungsbereitschaft.

Die Dopamin-Hormone – ja, es gibt mehrere davon – werden in einer speziellen Gehirnstruktur, der »Substantia Nigra« (eine spezielle Nervenzellenansammlung im Hirnstamm), gebildet.

Damit Sie mir auch glauben, dass ich Medizin studiert habe, noch ein paar Fakten aus der Wissenschaft:

Dopamin ist ein Zwischenprodukt in der Biosynthese von Adrenalin, ausgehend von der Aminosäure Tyrosin. Dazu ist jedoch die ausreichende Verfügbarkeit von Folsäure, Vitamin B6 und B12 unbedingt notwendig!

Ein Mangel an Dopamin-Hormonen oder besetzten Dopamin-Rezeptoren im Gehirn ist beispielsweise auch verantwortlich »für das große Zittern am Morgen nach einer Party« – aber leider auch für Morbus Parkinson.

Bei anderen Krankheitsbildern, wie z.B. Morbus Alzheimer, liegt ein Mangel an wirksamen Dopamin-Rezeptoren vor.

Das sogenannte (Beta-)Endorphin wird unter anderem in Notfallsituationen aktiviert. Wie Drogen setzen sie sich auf besonderen Rezeptoren fest, die die Übertragung von Schmerzsignalen blockieren, und sorgen auf diese Weise in unserem Körper für sofortige Schmerzstillung und Glück.

Studien ergaben, dass Schmerzpatienten, wenn sie nur wenige Minuten gelacht hatten, eine deutliche Erleichterung spürten, die mehrere Stunden anhalten kann.

Dieses faszinierende Phänomen konnte ich auch oft bei meiner Arbeit als Lachtherapeut bei den CliniClowns beobachten.

Das erklärt auch, warum schwer verletzte Menschen zunächst keine Schmerzen verspüren und Frauen eine Geburt ohne Schmerzmittel durchstehen können. Deswegen wird Endorphin auch als körpereigenes Opiat bezeichnet, da es der Wirkungsweise von Opium und Morphin sehr nahe kommt.

Aber auch das körpereigene Immunsystem wird durch Lachen aktiviert. So können Blutinhaltsstoffe deutlich vermehrt werden, die für die Immunabwehr wichtig sind. Auch T-Zellen, die den Körper gegen viele Krankheitserreger schützen, nehmen durch das Lachen zu.

Gleich haben Sie es geschafft!

Die körpereigene hormonähnliche Substanz Gamma-Interferon aktiviert und koordiniert die Produktion von mehreren körpereigenen Abwehrstoffen, während sogenannte T-Killer-Zellen bereits erkrankte Zellen vernichten.

Der amerikanische Immunologe Lee S. Berk hat in Studien festgestellt, dass bei lachenden Personen die Blutwerte von Gamma-Interferon, Killer-Zellen und Antikörpern steigen. Selbst einige Tage nachdem sich die Probanden zum Beispiel einen lustigen Film angesehen hatten, waren wesentlich höhere Werte feststellbar als bei Menschen, die in den letzten Tagen keinen Grund zum Lachen hatten und ihr Hormonsystem nicht stimuliert hatten.

Viele Sportler berichten nach lang anhaltendem Training von rauschähnlichen Zuständen, auch »Jogger-High« genannt.

Grund dafür ist, dass uns unser Gehirn nach einer Zeit großer körperlicher Aktivität mit Glückshormonen belohnt und wir uns wohl, zufrieden und ausgeglichen fühlen. Ganz schön clever unsere grauen Zellen!

Basierend auf dieser Erfahrung beim Sport sprechen die Lachforscher, die sogenannten Gelotologen, daher auch beim gezielten Einsatz von Humor von einem »inneren Jogging«.

Wer regelmäßig und herzhaft lacht, ist zudem weniger gestresst und hat bessere Blutfettwerte, fanden Forscher der Loma Linda Universität in Kalifornien heraus, da die Produktion der Stresshormone Cortisol und Adrenalin gesenkt wird.

In Großbritannien haben die Verantwortlichen im Gesundheitswesen daraus bereits erste Konsequenzen gezogen: Einige Ärzte bieten ihren gestressten Patienten eine strukturiere, wissenschaftlich fundierte Lachtherapie an. Die Kosten dafür werden vom Staat übernommen.

»Gar nicht so utopisch ist der Ansatz, bald öfters die ›Therapie Lachen‹ auf den Rezeptblock zu schreiben«, so eine Sprecherin der britischen Ärztekammer. Man müsse die Studienergebnisse, dass regelmäßiges Lachen positive Effekte auf die Gesundheit habe, ernst nehmen.

Weniger ernst nehmen sollte man dagegen den Ratschlag, den die Tageszeitung »Daily Telegraph« ihren Lesern mit einem Augenzwinkern empfiehlt: »Stoppt das Jogging und fangt an, mehr zu lachen!«

Mein Tipp: Lächeln Sie beim Joggen andere an, oder lächeln Sie einfach so vor sich hin! Doppelt gesund und sympathisch ist es in jedem Fall!

112

Wie nützlich die gute Laune ist, hat auch Alice Isen, Psychologieprofessorin der Cornell-Universität in Ithaca, New York, herausgefunden: Gut gelaunte, motivierte, humorvolle Mitarbeiter sind nicht nur beliebter, sie werden auch häufiger befördert. An anderer Stelle mehr noch zu den Karrierefaktoren, die Humor in sich birgt.

Deshalb: Lächeln Sie! Das hebt bei allen die Stimmung – auch Ihre!

Machen Sie aus Ihrer Abteilung einen Humorstützpunkt, ein Basislager der gesunden SMILE-ZONE. Und freuen Sie sich auf viele Besuche(r)!

Die Geschichte der CiniClowns oder von der Kraft des Lachens

» **W** as wir brauchen, sind ein paar verrückte Leute; seht euch an, wohin uns die normalen gebracht haben.«
George Bernard Shaw

Lachen kann alles: anstecken, aufrühren, ablenken. Man lacht an, aus und über, einander zu und sich kaputt. Lachen kann helfen und heilen. Lachen tröstet und Lachen triumphiert – auch in den schwersten Stunden des Lebens.

Lachen ist das Gegengift zum Ernst des Lebens. Es ist die gewaltloseste Waffe des Menschen und dennoch eine der wirkungsvollsten. Lachende Menschen sind Attentäter. Denn selbst der Schwächste unter ihnen entwaffnet seine Gegner – und befreit sich selbst – egal wovon. Das Lachen eines Unterdrückten ist die größte Niederlage des Feindes. Völlig unerheblich bleibt dabei, ob man bloß eine kleine Beleidigung zunichte macht oder über den Tod spricht.

113

Genau aus diesem Grund bin ich ein begeisterter Botschafter für mehr Humor! Humor, der heilsame Energie spendet und der motiviert.

Dieser Humor begleitet mich mein ganzes, bisheriges Leben. Deswegen unterstütze ich auch seit 20 Jahren die CliniClowns, die Ärzte des Lachens.

Die Idee, Clowns in der Therapie einzusetzen, stammt primär aus den USA und war zum damaligen Zeitpunkt bei uns in Europa komplett unbekannt! Eine Wegbegleiterin, die mit Ihrem Engagement maßgeblich zum Bekanntheit der Cliniclowns beigetragen hat, war Prinzessin Stephanie zu Windisch-Graetz.

Ich bin sehr, sehr stolz 1991 gemeinsam mit Dagmar Hiltl (Organisation) und Kathy Tanner der erste Clown und Mitbegründer dieses

Projekts gewesen zu sein, denn die CliniClowns haben es geschafft, Humor als eines der wichtigsten therapeutischen Tools in die adjuvante Behandlung von schwerkranken Menschen – und hier meine ich alle Altersstufen – zu bringen und vor allem zu etablieren.

Lachen macht gesund!

Unter diesem Motto betreuen wir unter der Leitung meiner lieben Kollegin, der Kardiologin Dr. Suzanne Rödler, die seit 20 Jahren den Verein leitet, und dem engagiertesten Büro der Welt (danke Liane, danke Birgit) in Österreich mit mittlerweile 64 Clowns in 39 Spitälern jährlich ca. 50.000 große und kleine Patienten, chronisch und schwerkranke Kinder sowie Geriatrie- und Alzheimer-Patienten.

Wir haben in vielen anderen Ländern Europas den Aufbau der lokalen Organisation initiiert bzw. beim Aufbau assistiert. So waren wir u.a. an der Gründung von CliniClowns Belgien, Holland, Deutschland und Moskau maßgeblich beteiligt.

Im Jahre 2011 werden wir allein in Österreich dem 1.000.000 Patienten(!) seit der Gründung ein Lachen schenken, und ich bin wahnsinnig stolz darauf!

Von der sensiblen, humorvollen, spielerischen Interaktion und oft nur der bloßen Anwesenheit der Clowns profitieren alle, die direkt oder indirekt in ihrer Lebenssituation mit Schmerz, Leid und Krankheit konfrontiert sind.

Es sind jene Augenblicke, die Mut geben, den Kampf gegen das Schicksal wieder aufzunehmen. Heitere Momente, um neue Kraft zu schöpfen oder auch um ein wenig Abstand zu Unabänderbarem zu gewinnen. Wenn es die CliniClowns nicht gäbe, müsste man sie erfinden!

Die CliniClowns nehmen die Menschen in ein Land der Phantasie mit. Für sie steht die Einheit von Geist und Körper im Vordergrund, Lachen und Wohlbefinden stärken erwiesenermaßen das Immunsystem und helfen nachweislich bei der Genesung!

Die CliniClowns sind keine gewöhnlichen Spaßmacher, sondern werden in einem mehrstufigen Prozess ausgewählt und über ein Jahr speziell geschult. Psychologie, circensische und theatralische Techniken wie Schauspiel, Comedy, aber auch Jonglage und Zauberkunst stehen im Mittelpunkt der Ausbildung.

Nur die geeignetsten Personen werden für die Arbeit im Krankenhaus ausgewählt und eingesetzt. Denn bei dieser Arbeit stehen der Patient und seine Bedürfnisse und nicht der Clown im Mittelpunkt! Die enge Zusammenarbeit mit dem Personal der betreuten Spitäler ist für die Clowns essenziell.

»Nur wer sich voll auf den Moment der Begegnung mit dem Patienten einlässt, kann Verausgabung und Resignation vermeiden.«

Noch ist das Phänomen nicht gänzlich erforscht, noch weiß niemand, wo genau im Gehirn das Zentrum des Lachens sitzt, warum der Mensch überhaupt lacht und ob ihn tatsächlich das Lachen von den Tieren unterscheidet. Er ist aber sicher der Einzige, der über sich selber lachen kann.

Der weltbekannte Pantomime Marcel Marceau bringt es auf den Punkt: »Es gibt kein französisches, englisches, italienisches, deutsches oder russisches Lachen. Das Lachen gehört dem Menschen ohne jeden Unterschied und jedes Mal, wenn ein Mensch lacht, fügt er seinem Leben ein paar Tage hinzu.«

Ich möchte Ihnen im Folgenden ein paar der schönsten, emotionalsten und bereicherndsten Erlebnisse meiner Kollegen und mir schildern.

Ganz bewusst wird dabei, um die Authentizität beizubehalten, das Wording der Originalaufzeichnungen unserer Visitenbücher beibehalten:

❏ »Dr. H. macht für Tobias ›Tobiasseifenbläschen‹. Er freut sich so darüber und lacht endlich! Endlich nach vier Wochen. Er bekommt dann auch noch zwei Luftballons. Ein langes Würstchen, mit dem er den anderen Ballon stupsen kann. Er freut sich sehr – was er ja nur ›ganz klein‹ zeigen kann. Auch die Schwestern sind sehr gerührt.«

❏ »Wir waren mit unserer Visite schon fertig und wollten gerade in den Lift, als uns eine Frau aufhielt. Sie bat uns noch einmal zurückzukommen, denn ihre Tochter sei so traurig, dass sie uns wegen einer Untersuchung verpasst hat. Wir gingen zurück und sie freute sich riesig, dass wir noch einmal extra zu ihr kamen. Wir verließen ein glückliches Zimmer mit lachender Mutter und fröhlichem Kind.«

❏ »Im ersten Zimmer lag ein Jugendlicher, der gerade Zeitung las. Wobei wir ihn nicht stören wollten und ihm das auch ganz klar wiederholt mitteilten, rangen wir ihm fast ein Lächeln ab. Wir machten es kurz und erfüllten ihm den Wunsch nach Zweisamkeit mit seiner Mutter. Hier werden wir in Zukunft noch viel Vertrauensarbeit vor uns haben – der erste Schritt ist aber getan.«

❏ »Zwei Teenager, Mädchen, waren im Zimmer und wir klopften hintereinander an, öffneten die Tür und entschuldigten uns. Dann öffneten wir und versprachen zu kommen, wenn sie kleiner sind. Dann öffneten wir und sagten, dass wir doch nicht kommen werden. Dann, dass wir früher kommen werden, damit sie nicht so erwachsen sind. Dann öffneten wir wieder und verabschiedeten uns ›bis früher‹. Sie kamen aus dem Lachen gar nicht mehr heraus.«

Ganz am Anfang der Clownvisiten konnten wir es immer einrichten, auch an Heiligabend eine Runde durch das Kinderkrankenhaus zu machen. An einem dieser Tage, die für die Kinder doppelt schlimm sind, besuchten wir auch Susanne, eine Zwölfjährige, die an Leukämie erkrankt war. Ihre Eltern waren gerade kurz aus dem Zimmer, als wir mit kleinen Geschenken anrückten, um hier auch ein wenig für Abwechslung zu sorgen! Übrigens: ClinClowns verstecken Geschenke nicht nur zu Ostern, sondern auch zu Weihnachten, weil sie meinen, das macht mehr Spaß …

Übrigens: CliniClowns verstecken Geschenke nicht nur zu Ostern.

Susanne erwartete uns schon freudig, doch sichtlich geschwächt nach einer Chemotherapie und bat uns, am Bett Platz zu nehmen.

Nach unserer ersten kleinen Spaßeinlage wurde Susanne plötzlich ganz leise und sagte dann zu meinem Clownpartner: »Du, ich möchte euch gerne diesen Bären hier schenken, den ich gerade bekommen habe. Damit könnt ihr auch anderen Kindern eine Freude machen und sie zum Lachen bringen!«

Wir entgegneten, dass wir das nicht annehmen könnten, da der Bär ja ihr Geschenk wäre. Und sie meinte darauf: »Nehmt ihn bitte, bitte mit – bei Euch ist er besser aufgehoben, denn ich brauche ihn nicht mehr!« In dieser Nacht verstarb Susanne!

Solche Erlebnisse vergisst man nicht.

Abschließend noch eine Geschichte, die mein Leben sehr bereichert hat. Dazu müssen Sie wissen, dass ich in meinem richtigen Beruf – hatte ich erwähnt, dass ich Arzt bin? – meistens am Montag und Mittwoch in meinem Krankenhaus Nachtdienst hatte und dann dienstags und donnerstags, also direkt danach, meist müde in die Kinderklinik fuhr, um dort als Dr. Jux mit meiner Partnerin Kathy, alias Dr. Chaos, unsere Lachvisiten durchzuführen. Und es war wieder so ein Donnerstag, dem eine schlaflose Nacht vorausgegangen war, und ich hundemüde ausrückte, um den Kindern ein Lachen zu schenken.

In einem der Zimmer wartete Tobias, ein sechsjähriger, kleiner Patient mit einer Krebserkrankung.

Wir betreuten Tobias schon lange, und er kannte uns dadurch schon sehr gut. Ich starte also mit großem Elan – so meinte ich jedenfalls – ins Zimmer und begrüßte Tobias freudig. Nach den ersten kleinen Gags schaute mich Tobias mit ernster Miene an, um mich dann zu fragen: »Du, Dr. Jux, hast du wieder Nachtdienst gehabt? Du siehst müde aus!« Ich hielt in meiner Performance inne und dachte kurz nach. Was sollte ich jetzt sagen? Sollte ich antworten »Nein mir geht's super, komm lass uns Unfug treiben«, oder sollte ich die Wahrheit sagen, dass ich nämlich sehr müde war und mich am liebsten ins nächste leere Bett gelegt hätte, um zu schlafen!

Ich entschied mich spontan für zweite Variante: »Ja Tobias, es war wieder sehr anstrengend letzte Nacht. Viele Patienten, du weißt schon …« Darauf Tobias: »Das habe ich gleich bemerkt, du schaust wirklich müde aus … Du, darf ich dir einen Vorschlag machen? Darf ich heute dein Clown sein?«

Mir blieb vor Rührung der Mund offen … : »Klar, super Idee!«

Schnell und mit wenigen Strichen war Tobias dezent zum Clown geschminkt, und er zog meinen überlangen Ärztekittel an. Mit einem

Johlen gingen wir nun von Zimmer zu Zimmer und Tobias unterhielt die Kinder mit unseren Gags, Spielen und Requisiten.

Er machte das perfekt und mit einer derartigen Begeisterung, dass wir selbst Tränen lachten, oft genug hatte er uns ja beobachten können. Es war einer der berührendsten Augenblicke während meiner CliniClownarbeit. Noch lange danach habe ich über meine Entscheidung nachgedacht und wie richtig sie in diesem Moment war. Klar, ich hätte Tobias auch eine Show vorspielen können, aber der kleine Bursche hätte dies mit Sicherheit durchschaut und das für die Arbeit so wichtige Vertrauensverhältnis wäre garantiert in die Brüche gegangen. Ja, man kann von Kindern sehr viel lernen!

Unsere Lachvisiten sind ein Geschenk.

Daher würde ich mich sehr auch über Ihre Unterstützung freuen! Wenn Sie mehr über dieses Projekt erfahren oder all jenen Menschen, die es am dringendsten brauchen, ein Lachen spenden möchten, hier sind Sie richtig! DANKE!

Im Internet finden Sie uns auf: www.cliniclowns.at

Spenden bitte an:

UniCredit Bank Austria (BLZ 12 000) – Konto Nr.: 656 243 300
IBAN: AT32 1200 0006 5624 3300, BIC: BKAUATWW

Ärzte und Humor

Ich war und bin mit Leidenschaft, Leib und Seele Arzt. In den letzten zehn Jahren mehr mit Seele als mit Leib, da ich jetzt nicht mehr praktiziere.

Ich war lange in einem großen Krankenhaus in Wien als Internist tätig, hatte einen netten, kompetenten Chef und nette Kollegen, und der Karriereweg war in groben Zügen vorgezeichnet. Dennoch gab es da etwas, das mein Arztsein trübte – das aktuelle Gesundheitssystem, in dem wir Ärzte alle arbeiten.

Es läuft alles zielstrebig in die Richtung Dokumentation, Kontrolle, Absicherung, Distanz, Einsparungen und vor allem in die psychische und physische Überlastung der Systemerhalter, die Ärzte, Schwestern, Therapeuten.

==Noch nie gab es so viele Burn-out-Fälle im Bereich des medizinischen Personals. Bei einer groß angelegten Umfrage bekräftigten 70 Prozent der Allgemeinmediziner, dass sie nicht noch einmal diesen (schönen) Beruf aufgrund eben genannter Veränderungen ergreifen würden.==

Verstehen Sie mich bitte nicht falsch: Ich bin ein großer Freund von Dokumentation, Kontrolle, Effizienz und Kostenoptimierung, wenn es sinnvoll ist und der Qualität der Arbeit, den Patienten und allen im System agierenden Menschen nutzt und dient.

Der Hauptgrund, warum ich in dieser Position nicht mehr bleiben wollte – neben einem guten Jobangebot aus der Wirtschaft – war sicherlich die Tatsache, dass die Freundlichkeit, das Lachen, die Herzlichkeit und die so wichtige Nähe zunehmend verlorengegangen sind. Und: die menschliche Kommunikation mit den Patienten.

Wenn dafür keine Zeit mehr bleibt und man diese wichtige Zeit stattdessen vor den Excelsheets der Ökonomie-Medikamentenliste verbringen muss, dann läuft etwas schief. Zumindest für mich, deswegen habe ich den Schritt gewagt, dem Krankenhaus Ade zu sagen und neue Herausforderungen anzunehmen. Und ich sage Ihnen, ich habe keinen Tag bereut. Habe ich doch jetzt die Möglichkeit und die Chance, auf der anderen Seite des Systems gesunde Kommunikation zu vermitteln.

Wir Mediziner lernen in unserem Studium zwar die 27 Arten der Lungenentzündung und welche Speicherkrankheit bisher lediglich fünfmal in Neuguinea aufgetreten sind, aber wie man Patienten einfühlsam und doch fachlich verständlich schwierige oder ernste Diagnosen näher bringt, das lernen wir überhaupt nicht oder nur in einem kurzen Vorlesungsblock.

In allen Patientenumfragen stehen die menschliche Nähe des Arztes, die Verständlichkeit seiner Anordnungen, die Freundlichkeit und der Humor zum richtigen Zeitpunkt an oberster Stelle der Wunschliste. Diese empathische, menschliche Kommunikation ist auch die Basis für eine gute Compliance, der Mitarbeit des Patienten bei der Therapie. Deswegen gilt auch ein Teil meiner Vortrags- und Seminartätigkeit der engagierten Weiterbildung von Ärzten und des medizinischen Personals.

Auch hier sind es oft nur kleine Gesten, nette Formulierungen, Lob und Anerkennung.

121

Patienten sind für viele Kleinigkeiten dankbar, die ihre Situation und ihre Krankheit ein wenig erträglicher machen. Außerdem gelingt es einem selbst, dadurch den Status des Arztes kontrolliert zu relativieren und sich vom allmächtigen »Gott-in-Weiß-Image« zu verabschieden. Ob Sie's glauben oder nicht, hinter jedem Stethoskop und in jedem Ärztemantel steckt ein Mensch wie du und ich.

Ein Patient kann übrigens in den seltensten Fällen die Kompetenz eines Arztes beurteilen, sehr wohl aber sein Verhalten, seinen Umgang mit Menschen, seine Freundlichkeit und seine sensible, empathische Klar- und Offenheit.

Wenn ich z.B. einer 85-jährigen Patientin den Blutdruck messe, bei ihr Normalwerte feststelle und dann mit einem Lächeln bemerke: »Frau Müller, Sie haben einen Blutdruck, wie eine 17-Jährige«, dann wird die alte Dame natürlich wissen, dass sie keine 17 mehr ist, sich aber dennoch geschmeichelt und charmant betreut fühlen.

Mediziner, die bereits gezielt Humor, etwas Witz, Charme und klare verständliche Botschaften in ihre Patientenbetreuung einsetzen, werden aufgrund der positiven und wertschätzenden Resonanz ihrer Patienten nicht nur selber wieder mehr Freude am Arbeiten, sondern auch mehr pekuniären Erfolg wegen größeren Zulaufs und der äußerst positiven Mundpropaganda haben. Ich hoffe, dass es hier bald auch ein Umdenken bei der Erstellung des Ausbildungskatalogs an den Universitäten gibt und der Mensch auch im kommunikativen Bereich die beste Therapie bekommt. Wenn ich einen Teil dazu beitragen kann, so freut mich das!

Kleiner Einschub: Was, glauben Sie, hat Präsident Reagan mit Authentizität und Alzheimer zu tun?

Hier die Antwort: Der US-amerikanische Neurologe und Autor Oliver Sacks beschreibt neurologische Ausfallserscheinungen gerne anekdotisch. In seiner Geschichte geht es um die Bewohner einer Demenz-Station, die bei einer TV-Ansprache des US-Präsidenten Ronald Reagan plötzlich in heftiges Gelächter ausbrechen. Die Ursache so Sacks: Die Patienten hätten ihre Unfähigkeit, die Bedeutung des Gesprochenen zu verstehen, durch ein gesteigertes Sensorium für Authentizität kompensiert. Sie hätten also gespürt, dass der Präsident nicht sagt, was er denkt und vor allem was er empfindet – und dies hätten sie als extrem komisch erlebt.

Was die Wissenschaft weltweit vom Lachen hält

Lachen Sie Ihre Kilos weg!

Eine neue Diät? So kann man es durchaus nennen, denn Lachen ist nicht nur gesund. Es macht auch schlank. Zwei Kilogramm kann man im Jahr verlieren, wenn man nur zehn bis 15 Minuten täglich frei und unbekümmert lacht.

Dies trifft jedoch nur auf echtes, authentisches Lachen zu, denn ein gekünsteltes Lachen verbrennt bei Weitem nicht so viele Kalorien. Studienleiter Maciej Buchowski von der Vanderbilt University erklärt: »Täglich zehn bis 15 Minuten zu lachen verbrennt um 20 Prozent mehr Kalorien!«

LACHEN VERSUS FITNESSSTUDIO

Eine Minute Lachen ist so erfrischend wie 45 Minuten Entspannungstraining oder 30 Minuten im Fitnesscenter! Wer sich buchstäblich vor Lachen biegt, bewegt fast alle 21 Gesichtsmuskeln und auch bis zu 80 andere Muskeln des gesamten Körpers. Welche Sportart kann da mithalten? Und noch etwas Positives: Das Herz schlägt beim Lachen schneller, der Blutdruck steigt in gesundem Maße an und doppelt so viel Sauerstoff wird über die Atmung in die Lungen und damit in den Organismus gepumpt.

LACHEN – KEIN SCHERZINFARKT

Ganz im Gegenteil: Lachen ist tatsächlich die beste Medizin – eine Studie belegt sogar eine 50-prozentige Reduktion der Infarktgefahr.

Michael Miller, Direktor des Zentrums für Präventive Kardiologie an der Universität von Maryland, trug das Ergebnis auf der weltgrößten Kardiologentagung in New Orleans vor:

»Keine Diät und keine Medizin halten das Herz so gut in Schuss wie Humor und häufiges Lachen. Diese alte Weisheit fanden US-Forscher jetzt in einer Studie mit 300 Männern und Frauen bestätigt: Die Wissenschafter haben an der Wirkung von Filmszenen auf eine Gruppe gesunder Probanden nachgewiesen, dass Lachen hilft, die Blutgefäße weich und elastisch zu halten. Jene, die gern und oft lachen, waren nur etwa halb so gefährdet, einen Herzinfarkt zu erleiden, wie ernstere Persönlichkeiten.«

Demnach entspannten sich die Gefäße der Teilnehmer beim Betrachten einer Filmkomödie und ließen deutlich mehr Blut pulsieren. Das Gegenteil geschah, als den Männern und Frauen Szenen aus dem Kriegsfilm »Der Soldat Ryan« vorgeführt wurde: Ihre Blutgefäße verengten sich und bremsten die Zirkulation. Das Team hatte insgesamt 160 Daten von 20 Menschen ausgewertet.

Durch das Lachen dehnt und erweitert sich das Endothel, das ist jenes Gewebe, das die Blutgefäße von innen auskleidet, vermuten die Forscher. »Das Endothel spielt eine wichtige Rolle bei der Entstehung von Arteriosklerose und von Gefäßverhärtungen«, erklärt Michael Miller. »Wir wissen noch nicht, ob es dem Herz nützt, wenn man sich trotz innerer Verärgerung zum Lachen zwingt«, sagte Miller. »Aber es gibt Mittel und Wege, Unzufriedenheit und Feindseligkeit abzubauen und an der Bereitschaft zum Lachen zu arbeiten.«

ERGEBNISSE AUS DER LACHFORSCHUNG

Allgemein gilt: jedwede Art zu lachen ist gesund. Ob wir nun über Gags, Witze, Pointen, über uns selbst, künstlich oder ursprünglich lachen, wir stimulieren damit unser Immunsystem und tun Gutes für den gesamten Organismus. (Details finden Sie dazu an anderer Stelle im Buch.)

Hier sei einfach kurz zusammengefasst, was Humor so alles bewirken kann in unserer Wunderwelt des Körpers.

Immer mehr Wissenschaftler, so wie der Immunologe Lee S. Berk von der medizinischen Hochschule von Loma Linda bei Los Angeles, bescheinigen, dass ausgiebiges Lachen:

- die Immunabwehr stimuliert
- Endorphine (körpereigene Morphine) freisetzt
- die Ausscheidung von Cholesterin fördert
- bei Herzinfarktkandidaten dem Infarkt vorbeugen kann
- die Produktion körpereigener Botenstoffe, z.B. Gamma Interferon, aktiviert und dadurch die Vermehrung von Tumorzellen reduziert werden kann
- selbst 24 Stunden später nachweislich noch positive Wirkungen auf das Immunsystem hat.

ALLGEMEINE BEGLEITERSCHEINUNGEN DES LACHENS

Männer lachen mit mindestens 280, Frauen sogar mit 500 Schwingungen/Sekunde. Die Atemluft wird dabei mit ca. 100 km/h und mehr ausgestoßen.

- Das Zwerchfell hüpft, das Herz schlägt schneller, die Pupillen weiten sich, die Fingerkuppen werden feucht, die Beinmuskulatur erschlafft und manchmal auch die Blase.
- Die Darmtätigkeit wird angeregt.
- Zwerchfell und Solarplexus werden bei jeder Lachsalve intensiv massiert, was die Verdauung fördert, die Atemtiefe nimmt zu, verspannte Muskeln lockern sich. Durch erhöhten Sauerstoffverbrauch werden die Verbrennungsvorgänge in den Zellen gefördert.
- Lachen schafft eine meditative Pause fürs Gehirn und erzeugt, indem es uns so von den Problemen des Alltags distanziert, ein Gefühl der Befreiung.

Japanische Wissenschaftler fanden heraus, dass Lachen allergische Beschwerden lindern kann. Die Wissenschaftler testeten 26 Personen, die an atopischer Dermatitis, einer chronisch verlaufenden Ekzemerkrankung der Haut, litten, mit verschiedenen Allergenen. Anschließend wurden sie durch Comics und lustige Filme zum Lachen stimuliert. Resultat: Die lachenden Testpersonen zeigten deutlich weniger allergische Reaktionen als die ernsten.

Amerikanische Ärzte empfehlen Herzinfarktkandidaten, mehr über sich selbst zu lachen. Wer sich nicht so ernst nehme und seine Selbstkontrolle nicht perfektionistisch betreibe, könne dem Herzinfarkt durch Lachen vorbeugen.

Insgesamt hat man eine heilende Wirkung des Lachens festgestellt bei Bluthochdruck, Herzerkrankungen, Angstzuständen, Schlafstörungen, Magengeschwüren, Allergien und sogar Krebs. Das Zentrum des Lachens sitzt in der linken Großhirnhälfte und ist ca. vier cm groß. Lachen aktiviert alle Regionen des Gehirns und löst ein wahres Feuerwerk an elektrischen Impulsen aus.

Humor ist in der Medizin sicher kein Allheilmittel und obige kleine Beispiele sollen nur zeigen, dass Humor einen immer größeren Stellenwert in der Forschung bekommt. Und eines ist sicher: Die Nebenwirkungen beim Lachen können nur positive sein!

Theorie ist, wenn jeder weiß, wie's geht, aber nichts funktioniert. Praxis ist, wenn alles funktioniert, aber keiner weiß, warum. Bei manchen ist jedoch Theorie und Praxis vereint:

Nichts funktioniert und keiner weiß, warum.

Aber es geht auch anders ...

Im Folgenden möchte ich Ihnen von eigenen Erlebnissen und anderen frechen, unglaublichen Geschichten berichten, wie sie das Leben manchmal schreibt. Selbst erlebter Wahnsinn, Anekdoten und Beispiele, die mir Kunden, Freunde und Kollegen erzählt haben oder die ich im Internet entdeckt habe.

Schmunzeln Sie einfach mit oder erzählen Sie diese weiter. Oder noch besser: Bauen Sie diese Storys in Ihre Businesswelt ein, bei Präsentationen, Meetings oder einfach beim morgendlichen Kaffeeklatsch in der Teeküche.

Humor auf Reisen

BELLEN ERLAUBT – TIERE IM HOTEL

Ein Gast schickt eine E-Mail mit der Anfrage, ob im gebuchten Hotel auch Hunde erlaubt sind. Die Antwort des Hotelmanagers folgt prompt:

Sehr geehrter Herr Brugger,
ich arbeite im Hotel-Business seit über 30 Jahren. Noch nie habe ich die Polizei gerufen, um einen randalierenden Hund entfernen zu lassen.
Noch nie hat ein Hund einen Zimmerbrand durch eine brennende Zigarette ausgelöst, die er beim Einschlafen im Bett vergessen hat.
Und noch nie fand ich bei der Abreise im Koffer eines Hundes unsere Handtücher oder den Hotel-Bademantel.
Daraus folgt: Selbstverständlich sind Hunde in meinem Hotel herzlich willkommen.

Mit lieben Grüßen,
Dr. Peter Ruckelshausen

PS: Wenn Ihr Hund für Sie bürgt, können Sie gerne mitkommen.

DIE SEIFENOPER – HUMORVOLLES PROZESS-MANAGEMENT IM HOTEL

Wenn Sie so wie ich viel in Hotels unterwegs sind, legen Sie bestimmt auch großen Wert auf Sauberkeit. Ganz besonders natürlich im Badezimmer.

Bestimmt kennen Sie daher auch die diversen Shampoo- und Duschgelminiaturen, die in unterschiedlicher Qualität vorhanden sind. Aus diesem Grund habe ich auch hier zur Sicherheit meine eigene Lieblingsmarke dabei und kann unten stehende Geschichte –

übrigens eine wahre Begebenheit – sehr gut nachvollziehen. Doch lesen Sie selbst.

Ein humorvolles Lehrstück in mehreren Akten rund um das Thema Kundenzufriedenheit.

Hier der Schriftwechsel, der (per Hotelblock) vor einigen Jahren zwischen den Mitarbeitern eines Londoner Hotels und einem seiner Gäste hin- und herging. Das betroffene Hotel überließ diese Korrespondenz der »Sunday Times«. Es wurden selbstverständlich bei der Veröffentlichung keine Namen genannt.

Sehr geehrtes Zimmermädchen,
ich möchte Sie bitten, keine dieser kleinen zellophanierten Seifenstückchen mehr in meinem Badezimmer zurückzulassen, weil ich ein großes Stück meiner eigenen Lieblingsseife (XY) mitgebracht habe. Bitte entfernen Sie die sechs ungeöffneten kleinen Seifenstücke von der Ablage unter dem Kosmetikschrank, ebenso wie die drei weiteren Stücke aus der Seifenschale in der Dusche – sie stören mich.
    Danke.
    B. Miller

Sehr geehrter Gast im Zimmer 635,
ich bin die heutige Vertretung Ihres betreuenden Zimmermädchens, d.h. sonst nicht für Ihr Zimmer zuständig. Meine Kollegin wird morgen, am Mittwoch, wieder hier sein. Ich habe wie gewünscht die drei Hotelseifen aus der Seifenschale in der Dusche genommen. Die sechs Seifen auf der Ablage habe ich weggeräumt und auf die Oberseite Ihres Papiertuchbehälters gelegt, falls Sie die Seifen eventuell doch brauchen sollten.
    Ich hoffe, dass dies zu Ihrer Zufriedenheit ist.
    Susan

Sehr geehrtes Zimmermädchen,
ich hoffe, dass Sie mein reguläres Zimmermädchen sind, anscheinend
hat Susan Ihnen nichts von meiner Nachricht über die kleinen Seifen-
stücke erzählt. Als ich heute Abend in mein Zimmer zurückkam, stellte
ich fest, dass Sie drei weitere Stückchen Camay-Seife zu den Stücken
auf der Ablage unter dem Kosmetikschrank gelegt hatten.

Ich werde zwei Wochen lang hier im Hotel sein und ich habe meine
eigene Seife mitgebracht. Ich werde also diese sechs kleinen Camay-
Seifen auf der Ablage definitiv nicht benötigen. Sie stören mich bei der
täglichen Morgentoilette, beim Rasieren, Zähneputzen usw.

Bitte entfernen Sie sie. Vielen Dank,
B. Miller

Sehr geehrter Herr Miller,
am Dienstag hatte ich meinen freien Tag und meine Kollegin hat drei
Hotelseifen in Ihr Badezimmer gelegt. Es tut mir leid, aber wir sind
vom Management angewiesen, das so zu machen. Ich habe die sechs
Seifenstücke, die Ihnen im Weg waren, von der Ablage weggenommen
und habe sie in die Seifenschale gelegt, wo Ihre XY-Badeseife lag.
Diese habe ich in Ihren Kosmetikschrank gelegt, damit Sie sie finden,
wenn Sie selbige benötigen.

Ich habe die drei Hotelseifen nicht aus dem Medizinschränkchen
genommen, die sind immer für neue Gäste da und Sie haben darüber
nichts gesagt, als Sie vor ein paar Tagen ankamen. Bitte teilen Sie mir
mit, ob ich sonst noch etwas für Sie tun kann. Dass Sie sich bei uns
wohl fühlen, ist uns ein besonderes Anliegen.

Ihr Zimmermädchen Cathy

Sehr geehrter Herr Miller,
Herr Muldoc, unser stellvertretender Manager, hat mich darüber in-
formiert, dass Sie ihn gestern Abend anriefen und ihm mitteilten, dass
Sie mit unserem Zimmermädchen-Service unzufrieden sind. Ich habe
ein neues Mädchen eingeteilt, das jetzt für Ihr Zimmer zuständig sein
wird. Ich möchte mich für alle Ihnen entstandenen Unannehmlichkei-
ten entschuldigen.

Sollten Sie weitere Beschwerden haben, setzen Sie sich bitte mit mir in Verbindung, damit ich mich persönlich darum kümmern kann. Sie erreichen mich unter der Klappe 348 zwischen 7:30 und 16:30 Uhr. Danke.

Cindy Cole, Head of house keeping

Sehr geehrte Frau Cole,
es ist nicht möglich, Sie telefonisch zu ereichen, weil ich aus berufli-chen Gründen das Hotel kurz nach 7:00 Uhr verlasse und nicht vor 19:00 Uhr zurückkomme. Aus diesem Grund habe ich gestern Abend Herrn Muldoc angerufen. Sie waren nicht mehr im Dienst. Ich habe Herrn Muldoc nur gefragt, ob er irgendetwas gegen die kleinen Sei-fenstückchen unternehmen könnte.

Das neue Zimmermädchen, das Sie für mein Zimmer eingeteilt haben, muss angenommen haben, ich sei ein heute gerade angekom-mener Gast, denn sie hinterließ drei weitere Stücke Hotelseife in mei-nem Kosmetikschrank, zusammen mit Ihrer anscheinend üblichen täglichen Lieferung von drei Stücken auf der Badezimmerablage. In nur fünf Tagen Aufenthalt habe ich unterdessen 24 Seifenstückchen angesammelt. Wer braucht so viel Seife?

Warum tun Sie mir das an?

B. Miller

Sehr geehrter Herr Miller,
Ihr Zimmermädchen Cathy ist angewiesen worden, in Ihrem Bade-zimmer keine weitere Hotelseife zurückzulassen und die überschüssi-gen Seifenstücke zu entfernen. Wenn ich Ihnen weiter behilflich sein kann, rufen Sie mich bitte zwischen 8.00 und 17.00 Uhr unter der Klappe 348 an. Danke.

Cindy Cole, Head of house keeping

Sehr geehrter Herr Muldoc,
meine eigene Badeseife ist verschwunden!!! Jedes einzelne Stückchen Seife wurde aus meinem Zimmer entfernt, einschließlich meines eige-nen großen Stücks XY Seife.

Ich kam gestern Abend erst spät zurück und musste den Portier bitten, mir vier kleine extrem teure Luxusseifen aus Ihrer Boutique zu bringen. So geht das nicht!
B. Miller

Sehr geehrter Herr Miller,
ich habe unsere Haushälterin, Frau Cole, von Ihrem Seifenproblem informiert. Ich kann es mir nicht erklären, warum keine Seife in Ihrem Badezimmer war, weil unsere Zimmermädchen angewiesen sind, bei jeder Zimmerreinigung drei Stück Hotelseife zurückzulassen.
Diese Situation wird sofort richtiggestellt werden. Für Ihre entstandenen Unannehmlichkeiten möchte ich mich entschuldigen. Die von Ihnen gekauften Seifen werden natürlich nicht verrechnet.
T. Muldoc, stellvertretender Manager

Sehr geehrte Frau Cole,
wer hat zum Teufel 54 Stück Camay-Seifen in meinem Badezimmer deponiert? Als ich gestern auf mein Zimmer kam, fand ich 54 kleine Seifen.
Ich will keine 54 Stückchen Camay-Seife haben. Alles, was ich will, ist meine eigene mitgebrachte XY-Badeseife. Haben Sie das verstanden? Keine 54 kleine Seifen – nein nur eine einzige –, MEINE! Ich flehe Sie an, geben Sie mir meine XY Seife zurück.
B. Miller

Sehr geehrter Herr Miller,
Sie haben sich darüber beschwert, dass Sie zu viel Seife in Ihrem Badezimmer haben. Dann haben Sie sich bei Herrn Muldoc beschwert, dass Ihre Seife verschwunden sei, und ich habe sie persönlich alle wieder in Ihr Zimmer zurückgebracht: die 24 Camay-Seifen, die entfernt worden waren, plus die drei Stücke Camay-Seife, die in jedem Zimmer pro Tag vorgesehen werden.
Ich weiß nichts über ihre vier Seifen, die Sie extra gekauft haben. Warum tun Sie das, wenn Sie täglich drei bis vier frische Seifen von

uns bekommen? Ohne Aufpreis. Offensichtlich hat Ihr Zimmermäd-chen, Cathy, nicht gewusst, dass ich Ihnen Ihre Seifen zurückgebracht hatte, sodass auch sie die 24 Camay-Seifen und die drei täglichen Seifenstücke auf Ihr Zimmer gebracht hat.

Ich weiß nicht, wie Sie darauf kommen, dass dieses Hotel Gästen große Stücke XY Badeseife zur Verfügung stellt. Ich habe einige große Badeseifen der Marke Fresh beschaffen können, die ich auf Ihr Zimmer gebracht habe.

Cindy Cole, Head of house keeping

Sehr geehrte Frau Cole,
nur ein paar Zeilen, um Sie über den aktuellsten Stand meines Seifen-lagers zu informieren. Mit dem heutigen Tag bin ich der stolze Besit-zer von:

Auf der Ablage unter dem Kosmetikschrank:
18 Camay-Seifen in vier Stapeln mal vier Stück und ein Stapel mal zwei Stück

Auf dem Papiertuchbehälter:
Elf Camay-Seifen in zwei Stapeln mal vier Stück und ein Stapel mal drei Stück

Auf der Kommode im Schlafzimmer:
Ein Stapel mal drei Stück Exklusiv-Seifen aus Ihrer Boutique
Ein Stapel mal vier große Fresh-Seifen und
acht Camay-Seifen in zwei Stapeln mal vier Stück

Im Kosmetikschrank:
14 Camay-Seifen in drei Stapeln mal vier Stück und ein Stapel mal zwei Stück

In der Seifenschale in der Dusche:
Sechs Camay-Seifen, sehr feucht

Auf der rechten Ecke der Badewanne:
Das vierte Stückchen Luxusseife aus der Boutique, nur leicht benutzt

Auf der linken Ecke der Badewanne:
Sechs Camay-Seifen in zwei Stapeln mal drei Stück

Wenn Sie freundlicherweise Cathy bitten würden, beim nächsten Reinigen in meinem Zimmer dafür zu sorgen, dass alle Stapel ordentlich zurechtgerückt und abgestaubt werden. Zudem weisen Sie sie bitte daraufhin, dass Stapel mit mehr als vier Seifenstückchen die Tendenz aufweisen, umzufallen.

Darf ich Ihnen folgenden Vorschlag unterbreiten: Das Fensterbrett in meinem Zimmer wird für nichts gebraucht und würde sich ganz hervorragend als Deponie für künftige Seifenlieferungen eignen.

Zum Abschluss noch ein weiterer Punkt: Es ist mir gelungen, ein großes Stück »meiner« XY-Badeseife zu erwerben, das ich zum Vermeiden künftiger Missverständnisse im Hotelsafe hinterlegt habe.

B. Miller

Eine kleine Information zum Schluss: Das Hotel hatte CMMI Level 3 (Capability Maturity Model Integration) und ist nach ISO 9000 zertifiziert. Das Reifegradmodell CMMI® beschreibt bewährte Vorgehensweisen (»good practices«) erfolgreicher Unternehmen. Marktführer verschiedener Branchen haben mit CMMI® entscheidende Verbesserungen erzielt.

Wie man an diesem Beispiel sieht, bestätigen Ausnahmen die Regel.

SCHNALLEN SIE IHRE ZIGARETTE AN!

Ich bin oft beruflich unterwegs und da meistens mit dem Flugzeug. Hier gibt es unzählige Möglichkeiten, sich selbst die Reise so humorvoll wie möglich zu gestalten und andere mit guter Laune anzustecken, wenn es wieder mal Verzögerungen, lange Warteschlangen und überlastete Zollbeamte gibt. Jetzt verstehe ich übrigens auch diese

Info-Schilder am Flughafen: »Bitte geben Sie Ihr Gepäck auf.« Ich komme im Jahr auf ca. 150.000 Flugmeilen, mein Gepäck auf ca. 300.000.

Vielleicht haben Sie es schon einmal selbst erlebt, dass sich eine Stewardess oder der Pilot bei ihren Durchsagen versprochen hat oder vielleicht sogar selbst in schallendes Gelächter ausgebrochen ist. Sofort ist die Stimmung in einem Jet gleich viel entspannter, lockerer und persönlicher.

Nun gibt's Fluglinien, die dies zur Strategie machen.

»Southwest Airlines« war einer der kreativen Vorreiter bei der Implementierung von humorvollen Einlagen im Flugbusiness: und das in 10.000 Metern Höhe.

Ihre Philosophie, gerade nach dem schwarzen 11. September wieder etwas Leichtigkeit und Lockerheit in die sensible Flugwelt zu bringen, führte nicht nur zu signifikant mehr Flugbuchungen, sondern auch zur entspannten Stimmung bei Passagieren und Flugpersonal.

Viele dieser Aktionen sind allerdings nur in den USA, dem Land der unbegrenzten Möglichkeiten, umsetzbar, bei uns in Europa hingegen nur schwer vorstellbar, da sie nicht unserer Kultur entsprechen.

Dennoch sind die grundsätzlichen Impulse und Gedanken dahinter sehr wohl überlegenswert, auch im Flugwesen dem Humor mehr (Welt-)Raum zu geben. Übrigens geht die australische Fluggesellschaft »Virgin Blue« hier einen ähnlichen Weg.

❐ Ein paar Beispiele von Durchsagen:

»Sehr geehrte Damen und Herren! Rauchmelder befinden sich auch in den Toiletten. Wenn diese Alarm schlagen, werden wir den Verursacher höflich, aber bestimmt bitten, die Zigarette außerhalb des Flugzeugs fertig zu rauchen, da es sich hier um einen Nichtraucherflug handelt.«

❐ »Willkommen in Brisbane. Bitte bleiben Sie so lange sitzen, bis der Kapitän die Anschnallzeichen abgeschaltet hat. Stehen Sie früher auf, so betrachten wir dies als freiwilliges Zeichen, dass Sie nachher gemeinsam mit uns die Maschine reinigen möchten, und danken schon jetzt für Ihre Mithilfe!«

Welche positiven Effekte zeigen nun diese humorvollen Anweisungen? Zum einen wird die Gefährlichkeit mancher Verhaltensweisen bewusst satirisch angesprochen (Rauchen auf dem Flugzeug-WC), zum anderen stand im konkreten Fall niemand auf, bis die »Fasten seat belts«-Zeichen erloschen waren. Alle blieben schmunzelnd sitzen und übten sich in Geduld.

Außerdem ist es wirklich ziemlich doof, immer sofort von seinem Sitz aufzuspringen, um dann zehn Minuten und mehr mit schiefem Hals und nach rechts abgeknicktem Kopf (in Tuchfühlung zum hektischen Vordermann, der es auch nicht mehr erwarten kann, die Maschine zu verlassen), eingeklemmt im engen Gang zu stehen und herabfallende Trolleys zu beobachten.

»Virgin Blue« sorgt auf diese Weise dafür, dass die Begriffe »jung«, »innovativ«, »ein wenig schräg« und »unterhaltsam« mit ihnen assoziiert werden. Nicht selten bekommt die Besatzung für ihre außergewöhnlichen Durchsagen spontanen Applaus. Außerdem, und das ist die besonders clevere Idee dahinter, erzählen die Passagiere anderen von dieser unorthodoxen Art der Fluggesellschaft.

Noch Lust auf ein paar freche, bissige Flugzeugstorys? Bitte gerne:

Von den bereits erwähnten »Southwest Airlines« stammt folgende Story:

❐ »Herzlich Willkommen in Los Angeles. Ganz herzlich möchten wir nun einer Person an Bord gratulieren, die heute stolze neunzig Jahre alt wird. Ich bitte um Ihren lieben Applaus!« Nach einer kurzen Pause fügt der Sprecher hinzu: »Und vergessen Sie nicht, dem Kapitän auch noch mal persönlich zu gratulieren, wenn Sie das Flugzeug verlassen!«

Etwas irritierend ist die Durchsage in einem vollbesetzten Flugzeug am Airport von Salt Lake City kurz vor dem Start:

❐ »Meine sehr verehrten Damen und Herren! Der Pilot möchte nicht starten, da die Maschine überladen ist.« Noch irritierender dann die »Entwarnung« ein paar Minuten später: »Wir können jetzt starten, wir haben einen anderen Piloten!«

❐ Durchsage eines Co-Piloten nach dem 20-minütigen Anrollen auf die vom Terminal am weitesten entfernte Startbahn: »Meine Damen und Herren, ich verspreche Ihnen, den Rest der Strecke fliegen wir!«

❐ Auf dem Flug von Dubai kam die Durchsage: »Wir haben jetzt soeben den griechischen Luftraum verlassen, worüber wir alle hier im Cockpit sehr froh sind, weil das Englisch der Fluglotsen nur rudimentär vorhanden ist!«

❐ Besonders witzig finde ich auch folgenden trockenen Kommentar eines Flugbegleiters, kurz nachdem die Passagiere zugestiegen waren: »Wie Sie sehen, ist unsere Maschine heute nicht besonders voll. Sie haben freie Sitzplatzwahl. Wir bitten Sie allerdings, wenn möglich einen Fensterplatz einzunehmen, damit die Konkurrenz denkt, wir wären ausgebucht!«

❐ Und hier noch ein sehr amüsanter Kommentar eines Piloten meiner österreichischen Heimfluglinie »Niki«: Statt »Cabin crew prepare for take off« reimte er: »Mädels setzt euch hin, wir fliegen jetzt nach Wien!«
180 Passagiere schmunzelten mit.

Der Diplom-Psychologe und ehemalige leitende Luftfahrtspsychologe der Lufthansa, Rainer Kemmler, meint unter anderem, dass z.B. gerade auflockernde und humorvolle Varianten der Sicherheitseinführung für gute Stimmung und Abwechslung an Bord sorgen kann: »Auch wenn manche Ansagen aus guten Gründen standardisiert sind, gibt es immer wieder originelle Möglichkeiten, durch kleine verbale Überraschungen für gute Laune zu sorgen.«

Auf die Frage nach einer phantastischen lustigen Flugzeug-Geschichte, die er wirklich erlebt habe, erzählt er Folgendes: »Der Pilot bittet um die Starterlaubnis. Der Tower-Mitarbeiter will wissen, an welchem Gate das Flugzeug ist. Er fragt: ›Where are you sitting?‹ und erhält die Antwort des Piloten: ›I'm sitting left in front of the Aircraft‹ (›Ich sitze vorne links im Flugzeug‹)«!

❑ Und da war dann noch die »upgegradete« Lady, die im Flugzeug, als sie die Speisekarte erhielt, die Stewardess fragte: »Kaviar, what is this please?« Die Stewardess: »These are fisheggs, Madam.« Lady: »Ok, give me two.«

❑ Bestimmt weniger Humor fördernd ist es allerdings, wenn, wie bei der Air France geschehen, im startbereiten Flugzeug die Melodie von »Spiel mir das Lied vom Tod« aus den Lautsprechern klingt.

... kommt die Minibar noch mal vorbei.

Kleine Ideen mit großer Wirkung

RIESIGER LACHERFOLG

Wie man durch klitzekleine Änderung in der Betonung einen riesigen Lacherfolg erzielt, führt eine junge Schauspielerin vor, die eigentlich nur einen einzigen Satz zu dem eintretenden Diener sagen musste, nämlich: »Was willst du schon wieder?« Aufgrund ihres großen Lampenfiebers und in der Aufregung betont sie den Satz falsch, indem sie ausruft: »Was? – Willst du schon wieder?« oft entscheiden eben Kleinigkeiten darüber, wie man bei seinem »Publikum« ankommt.

Wer für seine »Erfolgserlebnisse« nicht selbst sorgt, hat sie nicht verdient.

140

DER PARKWÄCHTER

Verdient – und das in jeder Form – hat sich seinen Erfolg der Zeitgenosse in der folgenden Geschichte!

Außerhalb des Londoner Bristol-Zoos gibt es einen Parkplatz für 150 Autos und acht Reisebusse. 25 Jahre lang, wurden die Parkplatzgebühren von einem sehr sympathischen Mann eingenommen. Die Gebühren für ein Auto betrugen (umgerechnet) 1,40 Euro und 7,00 Euro für einen Reisebus.

Eines Tages, nach gut 25 Jahren ununterbrochener Arbeit ohne einen einzigen Tag Ausfall, ist der Kassierer verschwunden. Die Geschäftsleitung des Zoos wandte sich an die Stadtverwaltung und bat um eine Ersatzperson. Die Stadtverwaltung forschte ein wenig nach und antwortete dem Zoo, dass die Verantwortung für den Parkplatz selbst beim Zoo liege. Die Geschäftsleitung des Zoos erwiderte, dass der Kassierer ein städtischer Angestellter sei.

Die Stadtverwaltung wiederum antwortete, dass dieser Mann niemals im Dienste der Stadtverwaltung gewesen und kein Geld in die Stadtkasse abgeführt worden war.

Währenddessen sitzt entspannt und zufrieden in seiner Villa irgendwo an einer schönen spanischen Küste der Mann, der eines Tages ein Drehkreuz am Parkplatz vor dem Zoo installiert und begonnen hatte, dort jeden Tag die Parkgebühren zu kassieren und in die eigene Tasche zu stecken.

Nach Abschätzung der Behörden beliefen sich die Einnahmen auf ca. 560 Euro am Tag – und zwar 25 Jahre lang!

Wenn man davon ausgeht, dass er an sieben Tagen die Woche gearbeitet hat, dürfte er ungefähr sieben Millionen Euro kassiert haben. Niemand kennt bis heute seinen Namen.

Die humorvollsten Geschichten schreibt das Leben selbst! Und ich – ich sitze ab morgen früh vor dem Schloss Schönbrunn!

LOVE & PIZZA

Eine Restaurantkette, die Pizza verkauft, hatte für den Valentinstag eine besondere, witzige Idee. Sie führten an diesem Tag nicht nur eine Charity-Spendenaktion für bedürftige Menschen durch, sondern es gab an diesem Tag auch ein ganz spezielles Produkt: eine Pizza in Herzform.

Vielleicht fragen Sie sich, so wie ich mich das gefragt habe, ob Ihre Angebetete nicht mehr Freude an einem Blumenstrauß oder einer Schachtel Pralinen als Geschenk zum Valentinstag hätte, statt an einer Pizza. Weit gefehlt. Die Pärchen stürmten den Laden, die Leute standen Schlange. Dieser Tag ist jedes Jahr der bei Weitem umsatzstärkste dieser Restaurantkette. Humor sells!

Bei diesem Beispiel gefällt mir das Win-Win-Prinzip doppelt so gut, weil es auch eine soziale Komponente hat.

FLOWER POWER

Hier eine Idee, die Sie gleich morgen in Ihr Unternehmen tragen können. Frei unter nach dem Motto: »Blumen sagen mehr als tausend Worte.« Unterschätzen Sie nicht das Potenzial dieser Idee und die charmante Gelegenheit, ein Lächeln in die Gesichter Ihrer Mitarbeiter, Kollegen und Führungskräfte zu zaubern.

Also: Schenken Sie morgen in der Früh einem Menschen in Ihrem Unternehmen, dem Sie vielleicht für eine besondere Leistung oder einen netten Gefallen danken möchten, doch einfach mal einen Blumenstrauß. Diese bestimmt überraschende und nette Geste ist jedoch an ein kleines Spiel geknüpft: Der Blumenstrauß soll nämlich von dieser Person nach einer Stunde an eine andere Person weitergeschenkt werden, die von diesem Kollegen besonders wertgeschätzt wird. Usw.

Wichtig ist dabei, dass niemand verrät, von wem die Blumen ursprünglich stammen. Das erhöht den Reiz, macht das ganze spannender und vielleicht sind Sie selbst ja am Ende des Tages die – oder derjenige, die oder der ganz spontan einen Blumenstrauß geschenkt bekommt!

Anstelle von Blumen kann man auch eine Bonboniere weiterverschenken, aber ich persönlich halte den Blumenstrauß für herzlicher, persönlicher und überraschender!

DIE »ÜBERRASCHUNGS-SPENDE«

Neben der eben vorgestellten Idee bieten sich im Beruf und auch in der Freizeit weitere Möglichkeiten, Ihren Mitmenschen ein Lächeln auf die Lippen zu zaubern, dabei selbst viel Spaß zu haber und anderen eine Freude zu bereiten. Weitere Möglichkeiten sind zum Beispiel:

❏ Schenken Sie jemandem, der gerade neben Ihnen in einer Kurzparkzone eingeparkt hat, spontan einen Parkschein, oder werfen Sie das Geld in die Parkuhr/den Parkautomaten für ihn ein. Sein überraschender Blick ist diese 1,80 Euro allemal wert. Glauben Sie mir.

❏ Laden Sie bei Ihnen in der Kantine ruhig einmal einen wildfremden Menschen am Kaffeeautomaten zu einem großen Espresso ein.

❏ Überlassen Sie im Supermarkt Ihren Einkaufswagen mit Münze dem nächsten Kunden mit den Worten: »Viel Spaß! Damit können Sie bestimmt noch drei Runden fahren.«

DER HUMORVOLLE SCHLUSSSTRICH AM ENDE EINES ARBEITSTAGS

Eine gute Idee hatte der Vizepräsident einer Fabrik im mittleren Westen der USA. Er war der Meinung, man könne einen Arbeitstag, der nicht so gut gelaufen ist, auch anders als frustriert beenden und nicht den Ärger mit nach Hause nehmen.

Er selbst schreibt am Ende seines Arbeitstages alles, was er nicht geschafft hat, auf einen Zettel. Den schließt er in den Schreibtisch ein. Wenn er geht, zeigt er auf die Schreibtischschublade und sagt laut: »Dageblieben!« So zeigt man auch den belastenden Situationen des Alltags die rote Karte und kann mitunter viel freudiger und mit einem Augenzwinkern der Gelassenheit in den Feierabend starten.

MUTMACHER WARREN BUFFETT

Sich selbst nicht immer so wichtig nehmen ist mit Sicherheit der erste und beste Schritt zum erfolgreichen Humorbotschafter. Dass es da oft Mut braucht, die Komfortzone der Routine und des erlangten Status zu verlassen, ist klar. Die folgende kurze Geschichte soll ein kleiner Mutmacher sein.

Ein Mutmacher für all jene, die sich immer noch denken, man müsste als Unternehmer oder in der seriösen Geschäftswelt brav und nett und angepasst sein.

Einer der reichsten Männer der Welt, der fast 80-jährige Multimilliardär Warren Buffett, zeigt uns wieder mal, wie's geht.

Er beeindruckt durch keine neue Transaktion – durch kein eloquentes Auftreten, durch keine Charity-Aktion. Stattdessen zieht er sich selbst gänzlich durch den Kakao, indem er in einem Firmenvideo, verkleidet als Axel Rose, höchstpersönlich einen Song singt und sich scheinbar zur Witzfigur macht. Ein Bravourstück in Sachen Imagepflege. Denn genau durch dergleichen unterscheidet sich der gestandene und dennoch offen-sensible Unternehmer von aalglatten Managern.

144

Ein Bravourstück in Sachen Imagepflege.

Das Video war und ist darum auch bereits ein Renner im Internet und bei den Medien. Weil es witzig ist, weil es zu Diskussionen anregt (darf man denn das als seriöser Investmentbanker?) und weil es ein

Unternehmer gemacht hat, der sich von niemandem dreinreden lässt. Und weil er sich hier für seine Kunden scheinbar zum *angreifbaren Clown* macht, sich aber genau dadurch extrem sympathisch darstellt! Eine bessere Idee kann man kaum haben: Ein relativ günstiges Video produzieren und damit ein Vielfaches an Werbewert durch gratis PR-Verbreitung generieren. Und das Beste daran: Die Mitarbeiter dieses Unternehmens, von denen einige mit großer Begeisterung und viel Freude und Spaß sogar bei dem Spot mitgewirkt haben, zählen laut objektiven Umfragen zu den zufriedensten, kreativsten und erfolgreichsten in der Branche! Schön, und ein Gewinn für alle obendrein, oder?

MIT EINER BÜROKLAMMER ZUM TRAUMHAUS

Es ist immer wieder wundersam, welche witzig-schrägen Storys das Leben schreibt. Am 12. Juli 2005 hatte Kyle MacDonald auf seinem Weblog eine rote Büroklammer zum Tausch gegen ein höherwertiges Produkt angeboten. Er wollte so lange tauschen, bis er sein Traumhaus eingetauscht hätte. Für jeden Tauschhandel versprach er, persönlich vorbeizukommen.

Genau nach einem Jahr, also am 12. Juli 2006 und 14 Tauschtransaktionen später, erreichte Kyle sein Ziel. Er tauschte zuletzt eine Filmrolle in einem Hollywoodfilm gegen ein Haus im kanadischen Kipling. Tauschpartner war die Gemeinde Kipling selber, die sich von diesem Schachzug erhoffte, eine Touristenattraktion in Kanada zu etablieren. Viele Touristen sind seitdem zum Haus von Kyle »gepilgert«. Vor dem Haus steht eine überdimensionale Büroklammer …

Vor dem Haus steht eine überdimensionale Büroklammer …

GLIMMERWELT EINMAL ANDERS

Bei einer von »Sydneys Radiosendungen« kann man anrufen und seine peinlichste oder lustigste Geschichte erzählen. Die besten werden mit 1.000 bis 5.000 Dollar belohnt.

Hier eine 5.000er-Story:

Diese Woche hatte ich einen Termin bei meinem Gynäkologen für die Früherkennungsuntersuchung. An diesem Morgen erhielt ich ziemlich früh einen Anruf aus der Praxis, dass ich wegen einer Absage an diesem Morgen bereits um 09:30 Uhr kommen könnte. Ich hatte gerade meine Familie zur Schule bzw. Arbeit geschickt und es war bereits Viertel vor neun und die Fahrt zum Arzt würde 35 Minuten dauern.

Ich hatte es also eilig. Wie die meisten Frauen wollte ich natürlich noch extra Zeit in meine Unterleibshygiene investieren, bevor ich zum Gynäkologen gehe, aber dieses Mal gab es einfach nicht genügend Zeit für eine gründliche Reinigung und so griff ich einfach zu dem Waschlappen, der auf dem Waschbecken lag, und wusch mich schnell ›da unten‹, sodass ich zumindest präsentabel aussah.

Den Waschlappen warf ich noch schnell in den Wäschekorb, zog mich hastig an und fuhr eilig zur Praxis. Dort brauchte ich nur ein paar Minuten zu warten, bis ich zum Doktor hineingehen konnte. Da ich, wie viele Frauen ja auch, diese Prozedur seit Jahren kenne, kletterte ich wie gewohnt auf den Stuhl, starrte an die Decke und stellte mir vor, ich sei in Paris oder an einem anderen weit entfernten Ort.

Der Arzt, eine Seele von Mediziner, kam herein und ich muss sagen, dass ich schon etwas verwundert war, als er sagte: »Oh, da haben wir uns heute aber Mühe gegeben!« Ich antwortete nicht und war erleichtert, als die Untersuchung vorbei war. Den Rest des Tages verbrachte ich wie immer mit Aufräumen, Einkaufen und Kochen. Als die Schule vorbei war, kam meine sechsjährige Tochter nach Hause. Sie spielte für sich alleine im Badezimmer, als sie rief: »Mama, wo ist mein Waschlappen?« Ich sagte ihr, dass er in der Wäsche sei und sie sich einen neuen nehmen solle. Sie entgegnete: »Nein Mama, ich muss genau den haben, der auf dem Waschbecken lag, ich habe nämlich mein ganzes Glimmer und die Glitzer-Sternchen da hineingetan!«

NUMERUS CLAUSUS (EINE AMÜSANTE, POINTIERTE GESCHICHTE AUS DEM UNIVERSITÄTSBETRIEB)

Vier Studenten der Universität Sydney waren so gut in organischer Chemie, dass sie alle ihre Tests, Klausuren und Praktika bisher in diesem Semester mit »1« bestanden hatten.

Eine amüsante, pointierte Geschichte aus dem Universitätsbetrieb

Sie waren sich so sicher, die Abschlussprüfung zu schaffen, dass sie sich entschlossen, das Wochenende vor der Prüfung nach Canberra zu fahren, wo einige Freunde eine Party schmissen. Sie amüsierten sich gut. Nach heftigem Feiern verschliefen sie den ganzen Sonntag und schafften es nicht vor Montagmorgen – dem Tag der Prüfung – wieder zurück nach Sydney!

Sie entschlossen sich, nicht zur Prüfung zu gehen, sondern dem Professor nach der Prüfung zu erzählen, warum sie nicht kommen konnten. Die vier Studenten erklärten ihm, sie hätten in Canberra ein wenig in den Archiven der Australian National University geforscht und vorgehabt, früh genug zurück zu sein, aber sie hätten einen Platten gehabt auf dem Rückweg und keinen Wagenheber dabei und es hätte ewig gedauert, bis ihnen jemand geholfen hätte. Deswegen seien sie erst jetzt angekommen!

Der Professor dachte darüber nach und erlaubte ihnen dann, die Abschlussprüfung am nächsten Tag nachzuholen. Die Studenten waren unheimlich erleichtert und froh. Sie lernten die ganze Nacht durch, und am nächsten Tag kamen sie pünktlich zum ausgemachten Zeitpunkt zum Professor.

Dieser setzte jeden Studenten in einen anderen Raum, gab ihnen die Aufgaben und sagte ihnen, sie sollten anfangen. Die erste Aufgabe brachte fünf Punkte. Es war etwas Einfaches über eine Radikal-Reaktion. »Cool«, dachten alle vier Studenten in ihren separaten Räu-

147

men, »das wird eine leichte Prüfung.« Jeder von ihnen schrieb die Lösung der ersten Aufgabe hin und drehte das Blatt um:

Zweite Aufgabe (95 Punkte): Welcher Reifen war platt?

ALLES WAS RECHT IST

Die folgende Anekdote ist die wohl beste Anwaltsgeschichte der letzten Jahre und auch des Jahrzehnts! Sie ist wahr und hat den ersten Platz im amerikanischen Wettbewerb der Strafverteidiger (Criminal Lawyer Award Contest) gewonnen:

In Charlotte, NC, kaufte ein Rechtsanwalt eine Kiste mit sehr seltenen und sehr teueren Zigarren und versicherte diese dann, unter anderem, gegen Feuerschaden. Während der nächsten Monate rauchte er alle Zigarren, und forderte dann die Versicherung auf, den Schaden zu ersetzen. In seinem Anspruchsschreiben führte der Anwalt auf, dass die Zigarren durch eine Serie kleiner Feuerschäden vernichtet worden seien. Die Versicherung weigerte sich zu bezahlen, mit der einleuchtenden Argumentation, dass er die Zigarren bestimmungsgemäß ver(b)raucht habe. Der Rechtsanwalt klagte – und gewann!

Das Gericht stimmte mit der Versicherung überein, dass der Anspruch unverschämt sei, doch ergab sich aus der Versicherungspolice, dass die Zigarren gegen jede Art von Feuer versichert seien und Haftungsausschlüsse nicht bestünden. Folglich müsse die Versicherung bezahlen, was sie selbst vereinbart und unterschrieben habe. Statt ein langes und teures Berufungsverfahren anzustrengen, akzeptierte die Versicherung das Urteil und bezahlte 15.000 US-Dollar an den Rechtsanwalt, der seine Zigarren in den zahlreichen »Feuerschäden« verloren hatte.

Jetzt kommt's! Nachdem der Anwalt den Scheck der Versicherung eingelöst hatte, wurde er auf deren Antrag in 24 Fällen von Brandstiftung verhaftet. Unter Hinweis auf seine zivilrechtliche Klage und seine Angaben vor Gericht wurde er wegen vorsätzlicher Brandstiftung seines versicherten Eigentums zu 24 Monaten Freiheitsstrafe (ohne Bewährung) und 24.000 US-Dollar Geldstrafe verurteilt.

DER KLEINE SATANSBRATEN (EINE MEINER LIEBSTEN GESCHICHTEN) NEULICH IM KINDERGARTEN

Ein kleiner Junge hatte beim Stiefelanziehen Probleme, und so kniete sich seine Kindergärtnerin nieder, um ihm dabei zu helfen.

Neulich im Kindergarten

Mit gemeinsamem Stoßen, Ziehen und Zerren gelang es, zuerst den einen und schließlich auch noch den zweiten Stiefel anzuziehen.

Als der Kleine sagte: »Die Stiefel sind ja am falschen Fuß!«, schluckte die Kindergärtnerin ihren Anflug von Ärger herunter und schaute ungläubig auf die Füße des Kleinen. Tatsächlich: Links und rechts waren tatsächlich vertauscht.

Nun war es für die Kindergärtnerin ebenso mühsam wie beim ersten Mal, die Stiefel wieder abzustreifen. Es gelang ihr aber, ihre Fassung zu bewahren, während sie die Stiefel tauschten und dann gemeinsam wieder anzogen, ebenfalls wieder unter heftigem Zerren und Ziehen. Als das Werk vollbracht war, sagte der Kleine: »Das sind nicht meine Stiefel!«

Dies verursachte in ihrem Inneren eine neuerliche, nun bereits deutlichere Welle von Ärger, und sie biss sich heftig auf die Zunge, damit das hässliche Wort, das darauf gelegen hatte, nicht ihrem Mund entschlüpfte.

So sagte sie lediglich: »Warum sagst du das erst jetzt?«

Ihrem Schicksal ergeben, kniete sie sich nieder und zerrte abermals an den widerspenstigen Stiefeln, bis sie wieder ausgezogen waren.

Da erklärte der Kleine deutlicher: »Das sind nicht meine Stiefel, denn sie gehören meinem Bruder. Aber meine Mutter hat gesagt, ich muss sie heute anziehen, weil es so kalt ist.«

In diesem Moment wusste sie nicht mehr, ob sie laut schreien oder still weinen sollte. Sie nahm nochmals ihre ganze Selbstbeherrschung zusammen und stieß, schob und zerrte die blöden Stiefel wieder an die kleinen Füße. Fertig.

Dann fragte sie den Jungen erleichtert: »Okay, und wo sind deine Handschuhe?«

Woraufhin er antwortete: »Ich hab sie vorn in die Stiefel gesteckt.«

RUF MICH AN!

**Komplimente, Lob und emotionale Ansteckung!
Telefonseelsorge der anderen Art!**

Dass Lob, Anerkennung und ein freundliches Wort nicht nur im Job Wunder wirken, haben nicht nur viele Studien bewiesen, sondern kennen wir auch aus eigener Erfahrung. Auch wenn wir vielleicht nicht immer zugeben, wie gut uns ein nettes Kompliment tut!

Wer also z.B. im ärgsten Stress einen Anruf von einem gut gelaunten, herzlichen Menschen bekommt, der hat danach wahrscheinlich selbst bessere Laune.

150

Dass der Bedarf und die Sehnsucht nach diesem Wohlgefühl derart groß sind, zeigt eine Geschäftsidee aus den USA.

Der Psychologe Zachary Burt bietet ein Abo für gute Laune am Arbeitsplatz an. Sie können den persönlichen »Du-bist-super-Anruf« abonieren. Das heißt: Jetzt gibt's die tägliche Dosis Motivation mit Smilefaktor per Anruf. Zumindest in den USA. Wer auf der Website http://www.awesomenessreminders.com seinen Namen und seine Telefonnummer einträgt, bekommt dann jeden Tag via Telefon gesagt, wie toll er ist.

Die Idee für diesen emotionalen Service sei ihm vor einigen Monaten gekommen, als er einen Blogeintrag des amerikanischen Bestsellerautors Tim Ferriss las, so Zachary Burt: Ferriss hatte einen Concierge-Service gebeten, zum positiven Start in den Tag jeden Morgen zu sagen, dass er ein guter Mensch sei. Das wurde abgelehnt mit der Begründung: Wünschen emotionaler, motivierender Natur könne man nicht nachkommen. Dieses Statement war der Startschuss für Burts »Business Telefonseelsorge«.

Das Geschäft läuft mittlerweile so gut, dass er die Preise für seinen Service von zehn Dollar auf 45 Dollar erhöht hat.

Gut, jetzt werden Sie sagen, das sind die USA! Stimmt! Und dennoch: Hier in Europa sollte uns diese »Geschäftsidee« zumindest nachdenklich stimmen und in jedem Fall motivieren, unseren Kollegen, Mitarbeitern und Freunden viel öfter persönlich mit kleinen netten Worten, Ideen und Aufmerksamkeiten Lob, Freude, Anerkennung und Wertschätzung zu vermitteln. Und ich verspreche Ihnen, all das kommt auch zu Ihnen zurück.

Die meisten Kunden geben den Anrufern nämlich eine ebenso freundliche Rückmeldung: »Du bist auch super.«

DATENSICHERUNG EINMAL ANDERS

»Dead Drops, heißt ein Projekt von Aram Bartholl. Der kreative Performer aus New York zementiert in Wände und Mauern USB-Sticks.

Sein Ziel ist, dass vorbeikommende Menschen diese skurrile USB Drive Installation erkennen und neugierig ihren Laptop anschließen. Dann können sie die Philosophie dahinter und noch viel mehr verrückte, humorvolle Businessideen gratis downloaden oder ihre eigenen Gedanken uploaden und mit anderen teilen.

Mehr Infos dazu und die Plätze, wo der Künstler die USB-Sticks versteckt hat, finden Sie hier: http://designtaxi.com/news/33311/With-Hidden-USB-Drives-Around-the-City-Make-Like-a-Digital-Spy/

© Kuba Cupisz

EMBLEM ODER PLEM PLEM?

Dass Humor auch vor der Bekleidungsindustrie nicht Halt gemacht hat, kann man an diesem Etikett erkennen …

DIE VISITENKARTE – EIN LUSTIGES SPIEL
MIT DER EITELKEIT

Kennen Sie das? Sie bekommen bei einer Party eine Visitenkarte überreicht und wissen dennoch nicht, welchen tollen Job der tolle Bursche wohl hat. Oder wissen Sie was ein »Key Sufficient Master Executive« ist? Sie möchten kreativ und humorvoll kontern?

Sie möchten auch eine Visitenkarte mit einer passenden coolen englischen Berufsbezeichnung oder einem ebensolchen Titel? Ein brillantes »Format«, das ungeheuer wichtig und kompetent klingt und dennoch absolut nichts, aber schon gar nichts aussagt und noch weniger irgendwer versteht? Wie wär's z.B. mit »Chief Excellence Consultant« oder »Business System Trainer«?

Dann wünsche ich Ihnen und Ihrem Team viel Spaß mit diesem netten Spielchen: Kombinieren Sie einfach die Titel und Bezeichnungen aus den folgenden drei Spalten. Die Möglichkeiten sind nahezu unbegrenzt und die Karrieresprünge vorprogrammiert.

Chief	Communication	Chairman
Dyspepsia	Excellence	Consultant
Corporate	Devastating	Designer
Creative	Developing	Director
Executive	Extinguishing	Editor
Online	Financial	Engineer
Graphic	Junior	Comprehensive
Visual	Lightning	Destruction
Public	Marketing	Manager
Senior	Coordinator	Development
Project	Relation	Predator
Web	System	Trainer
Product	Assistant	Officer
Business	Artist	Support
Personal	Supervisor	Consulting
President	Account	Associate
Representative	Distortion	Program
District	Extinction	Administration
Division	Media	Architect
Vice	Solution	Software

BUSINESS BINGO

Mal ehrlich? Schlafen Sie auch manchmal während Besprechungen oder Seminaren ein? Oder wie ist es mit diesen nicht enden wollenden Telefonkonferenzen?

Hier erfahren Sie, wie Sie Leben in die Sache bringen.

Kennen Sie BUSINESS BINGO? Nein, sollten Sie aber!

Wie wird gespielt? Schreiben Sie am besten auf ein kariertes Blatt Papier die verschiedenen Wörter in fünf Reihen untereinander auf.

Kreuzen Sie nun immer ein Wort an, wenn Sie es während einer Besprechung, eines Seminars oder einer Telefonkonferenz hören.

Wenn Sie horizontal, vertikal oder diagonal fünf Wörter in einer Reihe haben, stehen Sie auf und rufen laut: »BINGO!«

Synergie	Bilateral	Zielführend	Corporate Identity	Chance/ Risiko
Kommuni- zieren	Flexible Reaktion	System- erhaltend	Strukturell	Suboptimal
Wertschöp- fend	Visionen	Global Player	Budget	Target
Ergebnis- orientiert	Reorgani- sation	Integrativ	Total Quality	Fokus- sieren
Fusion	Service- orientiert	Szenario	Effizienz	Double Digit Growth

Selbstverständlich können Sie die Worte gemäß Ihrer Profession und Ihrem Unternehmen leicht austauschen und adaptieren, um hier noch spezifischer spielen zu können.

Willkommen im Pointenreich

Unser tägliches Leben ist voll gepackt mit freiwilligen und unfreiwilligen Humorknallern. Augen auf und genießen, schmunzeln, sammeln und weitererzählen. Im Folgenden finden Sie einiges aus meiner Sammlung: Anekdoten, Metaphern, Bonmots, Sprüche, Texte, Wortspiele, Ideen und Gags von frech bis bitterböse.

Augen auf und genießen, schmunzeln, sammeln und weitererzählen.

Vielleicht findet der eine oder andere ja Einzug in Ihr Repertoire: als Eisbrecher, Einstieg in den Small Talk, Präsentationseröffnung oder Meeting-Intro.

Hier gleich einmal eine Reihe von Packungsaufschriften, die sich auf verschiedenen Konsumartikeln vorwiegend aus den USA finden. Viel Spaß!

157

❏ Auf einem Fön von Sears:
»Nicht während des Schlafes benutzen.«
Schade, das wäre die einzige Gelegenheit, bei der ich Zeit hätte, mir die Haare zu fönen.

❏ Auf einer Tüte (Chips):
»BE the Winner! Sie könnten schon gewonnen haben! Kein Kaufzwang! Details innenliegend.«
Ein Spezialangebot für Kunden mit Röntgenblick.

❐ Auf einem Stück Seife der Firma Dial:
»Anleitung: Wie normale Seife benutzen.«
Ach so, danke!

❐ Auf Tiefkühlkost von Swansons:
»Serviervorschlag: Auftauen.«
Ice, Ice, baby ...

❐ Auf Tiramisu von Tesco's (auf die Unterseite aufgedruckt):
»Nicht umdrehen.«
Ups, schon zu spät!

❐ Auf einem Bread-Pudding von Marks & Spencer:
»Vorsicht: Das Produkt ist nach dem Kochen heiß.«
Wow – ein physikalisches Phänomen!

❐ Auf der Verpackung eines Rowenta-Bügeleisens:
»Die Kleidung nicht während des Tragens bügeln.«
Würde aber enorm viel Zeit sparen.

❐ Auf Boot's Hustensaft für Kinder:
»Nach der Einnahme des Präparates nicht Autofahren oder Maschinen bedienen.«
Wir könnten enorm viel für die Vermeidung von Arbeitsunfällen tun, wenn wir nur die erkälteten fünfjährigen Kinder von den Gabelstaplern wegbrächten.

❐ Auf der Packung von Nytol, einem Schlafmittel:
»Achtung: Kann Müdigkeit verursachen.«
Immer diese Nebenwirkungen.

❐ Auf den meisten Weihnachtslichterketten:
»Nur für innen und außen.«
Leider nichts für die dritte Dimension.

❐ Auf Nüssen von Sainsbury's:
»Achtung: Enthält Nüsse.«
Na, Gott sei Dank!

❐ Auf einer japanischen Küchenmaschine:
»Nicht für die anderen Benutzungen zu benutzen.«
   Diese Formulierung macht zugegebenermaßen jetzt doch etwas neugierig.

Und bei uns in Europa ist es auch nicht besser mit diesen EU-Verordnungen: Die werden in Brüssel beschlossen, in Frankreich gelesen, in Italien in den Papierkorb geworfen und in Österreich befolgt!

Ich liebe ja besonders subtilen Humor! Diese Karte mit dem witzigsten Partnerschaftsinserat ist mir in die Hände gefallen:

LOVELETTERS (EIN LIEBLINGSBEISPIEL AUS MEINEM VORTRAG ZUM THEMA PERSPEKTIVENWECHSEL MIT HUMOR)

Sind Sie gerade verliebt? Ok, können Sie sich noch daran erinnern, als Sie verliebt waren? Die Hormone spielen verrückt, man kann sich nicht konzentrieren und hat Schmetterlinge im Bauch. Da fällt mir ein: Was haben eigentlich Schmetterlinge im Bauch, wenn die verliebt sind? Na egal! Hier ein Dialog eines frischverliebten Pärchens:

Er: »Na endlich, ich habe schon so lange gewartet!«

Sie: »Möchtest du, dass ich gehe?«

Er: »Nein! Wie kommst du darauf? Schon die Vorstellung ist schrecklich für mich!«

Sie: »Liebst du mich?«

Er: »Natürlich! Zu jeder Tages- und Nachtzeit!«

Sie: »Hast du mich jemals betrogen?«

Er: »Nein! Niemals! Warum fragst du?«

Sie: »Willst du mich küssen?«

Er: »Ja, jedes Mal, wenn ich Gelegenheit dazu habe!«

Sie: »Würdest du mich jemals schlagen?«

Er: »Bist du wahnsinnig? Du weißt doch, wie ich bin!«

Sie: »Kann ich dir voll vertrauen?«

Er: »Ja.«

Sie: »Mein Schatzi!«

Schön, oder?

Wenn Sie wissen wollen, wie dieses Paar nach 25 Jahren Ehe kommuniziert, lesen Sie den Text einfach von unten nach oben!

Kennen Sie den Unterschied zwischen Mann und Frau? Sagt die Frau: »Ich will nicht darüber reden«, ist die Diskussion beendet. Sagt der Mann: »Ich will nicht darüber reden«, fängt die Diskussion erst an!

Aber es geht auch anders: Im australischen Radio hat man einen 102-jährigen Mann interviewt und ihn nach dem Geheimnis seiner 75 Jahre dauernden, glücklichen Ehe gefragt. Der flotte Hundertjährige antwortete trocken: »Always say: As you like, darling!«

ANDERE LÄNDER, ANDERE SITTEN ...

○ Japaner mischen mit einer Hand, damit sie mit der anderen fotografieren können.

○ Was passiert eigentlich, wenn am Gründonnerstag ein gelbes Taschentuch ins Rote Meer fällt? Dann ist in Jamaika Nationalfeiertag.

○ In England: Das Licht am Ende des Tunnels – ist Frankreich!

○ Ich war mal in Las Vegas, in so einem Riesen-Kasten, MGM Grand Hotel. Wir hatten auch ein schönes Zimmer, 45 Minuten von der Rezeption entfernt.

○ In Las Vegas gibt es wirklich die schrägsten Typen. Ich hab mal gesehen, wie da eine Gruppe von anonymen Alkoholikern Russisches Roulette gespielt hat! Die haben sechs Gläser Tomatensaft verteilt – und eins davon war eine Bloody Mary!

○ Letzte Woche war ich in Las Vegas. Das Hotel, in dem ich gewohnt habe, hatte einen Swimmingpool im 74. Stock. Wissen Sie, wie tief das ist?

○ Schweiz – Sie wissen, das ist die europäische Großbank für Fluchtkapital.

○ Bei den Engländern, da hat der Adel noch Stil. Ich hab mal in London folgendes Gespräch zwischen zwei Lords gehört: »Mylord, ich habe gehört, Sie mussten Ihre Gattin begraben?« Sagt der andere: »Ja, was sollte ich machen, sie war tot!«

○ Wissen Sie, warum die italienischen Männer alle so klein sind? Als sie Kinder waren, hat man ihnen gesagt: Wenn du mal groß bist, musst du arbeiten!

○ Bahrein ist übrigens sehr dünn besiedelt: Nur ein Einwohner auf zehn Millionen Dollar.

WEISHEITEN & DUMMHEITEN

○ Wenn ein Mensch auch dann noch redet, wenn ihm längst keiner mehr zuhört, dann ist es bestimmt ein Lehrer.

○ Wer ein gutes Gedächtnis hat, kann alles andere vergessen.

○ Es gibt Dinge, über die rede ich nicht einmal mit mir selbst!

○ Der Mensch hat die Atombombe erfunden – keine Maus auf der Welt würde auf die Idee kommen, eine Mausefalle zu bauen.

○ Man könnte viele Beispiele für unsinnige Ausgaben nennen, aber keines ist treffender als die Errichtung einer Friedhofsmauer. Die, die drinnen sind, können sowieso nicht hinaus, und die, die draußen sind, wollen nicht hinein.

○ Philosophie ist: In einem dunklen Raum eine schwarze Katze suchen, die gar nicht da ist!

○ Religion ist: In einem dunklen Raum eine schwarze Katze suchen, die gar nicht da ist, und schreien: »Ich hab sie.«

○ Was ist eine Versicherung? Eine Versicherung ist etwas, was man abschließt, damit man im Schadensfall eine Telefonnummer hat, wo man jemanden anrufen kann, der einem erklärt, warum die Versicherung in diesem speziellen Fall nicht zahlt.

○ Egal, wie beliebt Sie sind: Wie viele Leute zu Ihrem Begräbnis kommen, ist allein vom Wetter abhängig!

○ Wer gern im Mittelpunkt steht, muss der Menschheit nur im Weg sein.

○ Nichts auf der Welt ist so wunderbar ansteckend wie schlechte Laune.

- Wer den Mund immer voll nimmt, muss auch mal was schlucken können.
- Trotz höherer Diäten nehmen Politiker meist nicht ab.
- Verstand ist etwas, das man verlieren kann, ohne es je besessen zu haben!
- Wie geht das Geschäft? – Danke. Ein.
- Pessimist: Ein Mensch, der sich bei der Wahl zwischen zwei Übeln für beide entscheidet.
- Humor ist, was man nicht hat, sobald man es definiert.
- Das Schlimmste an meinem Job sind die 330 Tage nach dem Urlaub!
- Es ist leichter, die Verdauung eines anderen zu fördern, als die Beförderung eines anderen zu verdauen!
- Was gibt mir der Staat? Er gibt mir zu denken.
- Egal, was schiefgeht, es ist immer wer da, der das vorher schon gewusst hat!
- Schade, dass die, die Verantwortung übernehmen, sie nur so selten tragen wollen.
- Manch einer arbeitet so eifrig für seinen Lebensabend, dass er ihn gar nicht mehr erlebt.
- Warum Vögel den Menschen nie verstehen werden? Körner im Winter – Vogelscheuchen im Sommer.
- Unsere Gesellschaft hat mehr Schwerhörige, als man denkt; besonders wenn die Pflicht ruft.
- Wer keinen Mut hat, wird immer eine Philosophie finden, die das rechtfertigt.
- Verrückt ist, wer immer das Gleiche tut und ein anderes Ergebnis erwartet.
- Eine wirklich gute Idee erkennt man daran, dass ihre Verwirklichung von vornherein ausgeschlossen ist!
- 84 Prozent unseres Erbguts sind identisch mit den Schimpansen – die restlichen 16 Prozent sorgen dafür, dass wir singen können. Das Ergebnis können Sie in Karaokebars erfahren!
- *Das Jahr 1981:*
  1. Prinz Charles heiratet.

2. Liverpool wird Europacupsieger.
3. Der Papst stirbt.
Das Jahr 2005:
1. Prinz Charles heiratet.
2. Liverpool wird Europacupsieger.
3. Der Papst stirbt.
Fazit: Falls Charles nochmals heiratet und Liverpool nochmals ins Finale kommt, sollte man vielleicht den Papst benachrichtigen.

ZWISCHENMENSCHLICHES

○ Meine Eltern haben sich scheiden lassen, da war ich zehn Jahre alt. Ich war mit im Gericht und ich fand, das war wie bei einer Gameshow. Es war total spannend. Am Ende hatte meine Mutter ein Haus, ein Auto und viel Geld gewonnen und mein Vater zwei alte Koffer!

○ Eine Scheidung ist zwar sehr viel teurer als eine Hochzeit, aber dafür hat man auch länger Freude daran.

○ Kennen Sie den Unterschied zwischen Frauen- und Männerfreundschaften? Folgendes Beispiel macht es deutlich: Eine Frau ist die ganze Nacht nicht nach Hause gekommen. Am nächsten Morgen hat sie ihrem Mann erzählt, dass sie bei einer Freundin übernachtet hat. Ihr Mann hat ihre zehn besten Freundinnen angerufen. Keine der Freundinnen hat die Aussage bestätigt.

Ein Mann ist die ganze Nacht nicht nach Hause gekommen. Am nächsten Morgen hat er seiner Frau erzählt, dass er bei einem Freund übernachtet hat. Seine Frau hat seine zehn besten Freunde angerufen. Fünf seiner Freunde haben ihr sofort bestätigt, dass er bei ihnen war und die anderen fünf haben sogar behauptet, er wäre noch da!

WOODY ALLEN – EIN MEISTER DES WORTWITZES

Ich finde Woody Allen und seine Zitate einfach köstlich! Deswegen sei hier eine kleine Auswahl seiner intelligent-frechen Aussprüche aufgelistet.

○ »Ich möchte nicht durch meine Arbeit unsterblich werden. Ich möchte lieber dadurch unsterblich werden, dass ich nicht sterbe. Ich möchte auch nicht in den Herzen meiner Landsleute weiterleben. Ich möchte lieber in meinem Appartement weiterleben.«

○ »Die Ewigkeit dauert lange – besonders gegen Ende.«

○ »Natürlich gibt es eine jenseitige Welt. Die Frage ist nur, wie weit ist sie von der Innenstadt entfernt und wie lange hat sie offen.«

○ »Das ist New York: Du gibst ihnen das Geld und wirst trotzdem erstochen.«

○ »Ich glaube nicht an ein Leben nach dem Tod, aber für alle Fälle hab ich immer Unterwäsche zum Wechseln mit.«

○ »Ich habe keine Angst vorm Sterben, ich möchte nur nicht dabei sein, wenn es passiert.«

○ »Sex ist nur schmutzig, wenn er richtig gemacht wird.«

○ »Es ist schon das siebente Mal, dass meine Schwiegermutter zu Weihnachten zu uns kommt. Diesmal lassen wir sie rein.«

○ »Das Schwierigste am Leben ist, Herz und Kopf dazu zu bringen, zusammenzuarbeiten. In meinem Fall verkehren sie nicht mal freundschaftlich.«

○ »Ich denke viel an die Zukunft, weil das der Ort ist, wo ich den Rest meines Lebens zubringen werde.«

○ »Die Antwort ist Ja, aber wie war noch mal die Frage?«

○ »Meine Filmerei ist wie Korbflechten in der Irrenanstalt: Der Patient fühlt sich dabei etwas besser.«

○ »In Hollywood werfen sie ihren Müll nicht weg, sie machen Filme daraus.«

○ »Narzisstische, von sich selbst besessene Menschen reden gern vom Schicksal der Menschheit, von der Welt als einem bedauerlichen, schrecklichen Ort. Dabei geht es in Wahrheit nur um ihr eigenes blödes, kleines Problem.«

○ »Das Leben ist voll Einsamkeit und Elend und Leid und Kummer. Und dann ist es auch noch zu schnell vorbei.«

○ »Mich erstaunen Leute, die das Universum begreifen wollen, wo es doch schon schwierig genug ist, sich in Chinatown zurechtzufinden.«

○ »Ich gebe meinem Psychiater noch ein Jahr, dann fahre ich nach Lourdes.«
○ »Tradition ist die Illusion der Dauerhaftigkeit.«

LASSEN SIE MICH DURCH, ICH BIN ARZT!

Ich weiß nicht, ob ich es schon erwähnt habe, aber ich bin Arzt ... Deswegen hier Medizynisches – ganz speziell für Sie:

»Wissen Sie, was so kurz nach Weihnachten immer bei vielen Menschen über der Eingangstür steht C+M+B: Nein, das bedeutet nicht Caspar, Melchior und Balthasar, sondern das ist ein Code von Notärzten, damit warnen sie Kollegen – das heißt Cholesterin, Magenschmerzen und Brechdurchfall!«

Ärzte sprechen eine andere Sprache. Die Aussage: »Nein, nein, ist nicht so schlimm, der Patient krampft nur«, bedeutet nichts anderes als »He Leute, ich hab alles im Griff.«

In der Medizin machen oft die kleinen Dinge einen großen Unterschied. Ein Beispiel: Wenn Sie am Abend zu Gott sprechen, ist das ein Gebet. Spricht Gott zu Ihnen, ist das eine Psychose!

Warum ist eine Psychoanalyse bei Männern schneller als bei Frauen? Wenn es darum geht, sich in die Kindheit zurückzuversetzen, sind die meisten Männer schon da!

Ich als Arzt sage immer: »Lieber viel Sonne im Herzen als ein Schatten auf der Lunge.«

Ich bin dafür, dass weiße Ärztesocken nur Ärzte tragen dürfen. Ein paar Privilegien braucht man als Halbgott schon!

Im Gesundheitssystem muss man sparen, sogar die Placebos werden jetzt chefarztpflichtig.

Zwei Gründe, warum man dick wird:
a.) man isst zu viel
b.) man nimmt zu viel Nahrung zu sich

Noch ein Tipp von mir: Wenn Ihnen als Mann eine schöne Frau begegnet oder als Frau ein schöner Mann, deren Augen glänzen und deren Lippen feucht sind, die schmachtend Ihren Namen hauchen und die am ganzen Körper beben, lassen Sie die Finger davon. Die haben die Grippe!

Business Storytelling: Anekdoten und kleine Geschichten für große Vorträge

Im Anschluss an die kurzen Bonmots und Sprüche nun zu den Geschichten, mit denen Sie Humor ins Business bringen können.

Menschen lieben Geschichten. Geschichten begeistern, berühren, bringen Botschaften auf den Punkt.

Gute Geschichten vermitteln uns aktuelles Wissen, werden weitererzählt und sind das Antidot zur Infoflut unserer Zeit.

Geschichten transportieren Bilder und diese machen Informationen verständlich und begreifbar. Und oft findet man in einer Geschichte eine handelnde Figur, eine Person oder zumindest eine Situation, die uns emotional bewegt oder mit der wir uns identifizieren können.

Es gibt Millionen davon: skurrile, schräge, tiefsinnige, eindeutigzweideutige, lustige und traurige. Die Einsatzmöglichkeiten von Geschichten in der Businesskommunikation sind mannigfaltig. Sie reichen vom Wissensmanagement über Change-Projekte, Marketing und Marktforschung bis hin zu Kulturveränderungsprozessen.

Ich habe Ihnen hier mein persönliches Business-Best-of zusammengestellt. Bei der Auswahl spielte primär die Frage eine Rolle, inwieweit sich die Pointen der witzigen Klugheiten für einen Vortrag, ein Opening oder eine humorvolle Überleitung bei einem Ihrer nächsten Meetings eigneten. Gerne und sehr einfach können Sie diese auf Ihren Stil oder dem Thema gemäß abändern.

Alle Geschichten haben eines gemeinsam: Sie sind humorvoll und verfügen über ein witziges überraschendes Ende.

Viel Vergnügen.

BUSINESS-STORY 1

Amerikanische Wissenschaftler haben einen Supercomputer entwickelt, der angeblich alles wissen soll! Ein Kaufinteressent möchte ihn natürlich vor dem Kauf testen und will vom Computer wissen: »Wo ist mein Bruder zur Zeit?«

Die Wissenschaftler geben die Frage ein, der Computer rechnet, dann druckt er aus: »Ihr Bruder sitzt in der Maschine LH 258 nach Peking! Er will dort mit der Firma Osuhushi einen Vertrag in Höhe von zwei Millionen Dollar abschließen über die Lieferung von XY.«

Der Käufer ist begeistert, will aber den Computer noch einmal testen: »Wo ist mein Vater zur Zeit?«

Wieder rechnet der Computer und druckt aus: »Ihr Vater sitzt am Mississippi und angelt!«

»Ha!« schreit der Käufer: »Wusste ich's doch, dass er nicht alles weiß! Mein Vater ist seit fünf Jahren tot!«

Die Wissenschaftler sind bestürzt, überlegen und geben dann die Frage noch mal zur Kontrolle ein.

Der Computer rechnet länger und druckt: »Tot ist der Gatte Ihrer Mutter! Ihr VATER sitzt am Mississippi und angelt!«

BUSINESS-STORY 2

Eine junge Frau arbeitet als Personalreferentin in einem aufsteigenden Londoner Unternehmen. Sie bildet die Angestellten in richtiger Kleiderordnung und in Umgangsformen aus. An ihrem ersten Tag, als sie gerade den Aufzug betritt, steigt ein lässig gekleideter Mann in

169

Jeans und Polohemd mit ihr ein. Sie will direkt Verantwortungsbewusstsein zeigen und tadelt ihn: »Heute sind Sie aber ein bisschen leger gekleidet, was?« Der junge Mann zuckt mit den Schultern: »Kann sein, aber das ist einer der Vorzüge, wenn einem die Firma gehört.«

BUSINESS-STORY 3

Papst Benedikt XVI. wird mit einer Luxus-Limousine vom Flughafen abgeholt. Nachdem der Fahrer sämtliches Gepäck des Papstes verstaut hat, merkt er, dass Ratzi noch immer nicht im Auto sitzt und spricht ihn darauf an: »Eure Heiligkeit, würde es Ihnen etwas ausmachen, sich ins Auto zu setzen, damit wir losfahren können?« Der Papst antwortet: »Um ehrlich zu sein, im Vatikan darf ich nie mit einem Auto fahren. Möchten Sie mich nicht fahren lassen?« Der Fahrer antwortet ihm, dass dies nicht möglich sei, da er sonst seinen Job verlieren würde. Ratzi: »Ich würde Sie dafür auch fürstlich entlohnen.« »Na gut«, denkt sich der Fahrer und steigt hinten ein. Der Papst setzt sich hinters Lenkrad und braust mit quietschenden Reifen davon.

Als die Limousine mit 150 km/h durch die Stadt fährt, bereut der Fahrer seine Entscheidung und bittet: »Bitte, Eure Heiligkeit, fahren Sie doch etwas langsamer!« Kurz darauf hört er hinter sich Sirenen heulen. Der Papst hält an und ein Polizist nähert sich dem Wagen. Der Chauffeur befürchtet, seinen Führerschein zu verlieren. Der Polizist wirft einen kurzen Blick ins Auto, geht zurück zu seinem Motorrad, nimmt sein Funkgerät und verlangt seinen Chef zu sprechen. Als sein Chef am Funkgerät ist, erzählt der Polizist ihm, dass er gerade eine Limousine mit 150 km/h aufgehalten hat. Der Chef: »Na, dann verhaften Sie ihn!« Polizist: »Ich glaube nicht, dass wir das tun sollten. Die Person, die drin sitzt, ist ziemlich wichtig.« Sein Chef antwortet darauf, dass es ihm völlig egal sei, wie wichtig die Person ist. Wenn jemand mit 150 km/h durch die Stadt fahre, gehöre er auf der Stelle verhaftet. »Nein, ich meine WIRKLICH wichtig«, antwortet der Polizist. Chef: »Wer sitzt denn in dem Auto? Der Bürgermeister?« »Nein«, antwortet der Polizist, »viel wichtiger!« »Bundeskanzler?«, fragt der Chef. »Nein, noch viel wichtiger.«

Chef: »Gut, wer ist es denn?« Polizist: »Ich glaube, es ist Gott!«
»Warum denn glauben Sie, dass es Gott ist?«, fragt der Chef. Darauf
antwortet der Polizist: »Er hat den Papst als Chauffeur!«

BUSINESS-STORY 4

Ein Mann in einem Heißluftballon hat die Orientierung verloren. Er
geht tiefer und sichtet eine Frau am Boden. Er sinkt noch weiter ab
und ruft: »Entschuldigung, können Sie mir helfen? Ich habe einem
Freund versprochen, ihn vor einer Stunde zu treffen; und ich weiß
nicht, wo ich bin.« Die Frau am Boden antwortet: »Sie sind in einem
Heißluftballon in ungefähr zehn m Höhe über Grund. Sie befinden
sich auf dem 49. Grad, 28 Minuten und elf Sekunden nördlicher
Breite und achter Grad, 28 Minuten und 58 Sekunden östlicher
Länge.« »Sie müssen Ingenieurin sein«, sagt der Ballonfahrer. »Bin
ich«, antwortet die Frau, »woher wissen Sie das?« »Nun«, sagt der
Ballonfahrer, »alles, was Sie mir sagten, ist technisch korrekt, aber
ich habe keine Ahnung, was ich mit Ihren Informationen anfangen
soll, und Fakt ist, dass ich immer noch nicht weiß, wo ich bin. Offen
gesagt, waren Sie keine große Hilfe. Sie haben höchstens meine Reise
noch weiter verzögert.« Die Frau antwortet: »Sie müssen im Management tätig sein.« »Ja«, antwortet der Ballonfahrer, »aber woher wissen Sie das?« »Nun«, sagt die Frau, »Sie wissen weder, wo Sie sind,
noch, wohin Sie fahren. Sie sind aufgrund einer großen Menge heißer
Luft in Ihre jetzige Position gekommen. Sie haben ein Versprechen
gemacht, von dem Sie keine Ahnung haben, wie Sie es einhalten können, und erwarten von den Leuten unter Ihnen, dass sie Ihre Probleme
lösen. Tatsache ist, dass Sie nun in der gleichen Lage sind wie vor
unserem Treffen, aber merkwürdigerweise bin ich jetzt irgendwie
schuld!«

BUSINESS-STORY 5

Auf einer Propaganda-Tournee durch Amerika besucht Präsident
George Bush eine Schule und erklärt dort den Schülern seine Regie-
rungspolitik. Danach bittet er die Kinder, Fragen zu stellen.

Der kleine Robert ergreift das Wort: »Herr Präsident, ich habe drei Fragen:

1. Wie haben Sie, obwohl Sie bei der Stimmenauszählung verloren haben, die Wahl trotzdem gewonnen?
2. Warum wollen Sie den Irak ohne Grund angreifen?
3. Denken Sie nicht, dass die Bombe auf Hiroshima der größte terroristische Anschlag aller Zeiten war?«

In diesem Moment läutet die Pausenklingel und alle Schüler laufen aus dem Klassenzimmer. Als sie von der Pause zurückkommen, lädt Präsident Bush erneut ein, Fragen zu stellen, und diesmal ergreift Joey das Wort: »Herr Präsident, ich habe fünf Fragen:

1. Wie haben Sie, obwohl Sie bei der Stimmenauszählung verloren haben, die Wahl trotzdem gewonnen?
2. Warum wollen Sie den Irak ohne Grund angreifen?
3. Denken Sie nicht, dass die Bombe auf Hiroshima der größte terroristische Angriff aller Zeiten war?
4. Warum hat die Pausenklingel heute 20 Minuten früher geklingelt?
5. Wo ist Robert???«

BUSINESS-STORY 6

Einst hütete ein Schäfer in einer einsamen Gegend seine Schafe, als ein junger Mann in einem Luxusjeep auftauchte und ihn fragte: »Wenn ich Ihnen exakt sagen kann, wie viele Schafe Sie haben, bekomme ich dann eines?« Der Schäfer stimmte zu.

Nun verband der junge Mann sein Notebook mit seinem Handy und ging ins Internet, scannte die Gegend mit Hilfe seines Satelliten-Navigationssystems, öffnete die Datenbank und einige Dateien, arbeitete, wie wild, während der Schäfer gemütlich einen Imbiss zu sich nahm und sich ein Pfeifchen anzündete.

Schließlich druckt der junge Mann auf dem in seinem Laptop integrierten High-tech-Minidrucker einen Bericht aus und verkündet dem Schäfer: »Sie haben exakt 1586 Schafe.« Dieser nickt. »Richtig, suchen Sie sich ein Schaf aus.«

Der junge Mann nimmt ein Tier, lädt es in seinen Jeep, als der

Schäfer fragt: »Angenommen, ich errate Ihren Beruf, bekomme ich dann mein Tier zurück?« Der junge Mann ist einverstanden.

Der Schäfer: »Sind Sie Unternehmensberater?« Der junge Mann muss zugeben, dass es stimmt. Er holt das Tier aus dem Wagen und lässt es wieder laufen. »Aber, wie wussten Sie das?«, will er jetzt wissen.

Schäfer: »Sehr einfach. Erstens kommen Sie hier mit Ihrem High-tech-Quatsch an und denken, ich verstünde von alledem so gut wie nichts. Zweitens suchen Sie eine Plattform, um Ihre großartigen Kenntnisse zu präsentieren. Drittens möchten Sie dafür auch noch ein Honorar haben. Viertens erzählen Sie mir nur, was ich sowieso schon weiß, und fünftens haben Sie null Ahnung von meiner Arbeit.«

Der junge Mann war es nicht gewöhnt, dass andere ihn einschätzen. Er kannte nur das Gegenteil. Er versuchte, schwach zu protestieren: »Wie kommen Sie denn darauf, dass ich von Ihrer Arbeit nichts verstehen soll?«

Antwort: »Das Schaf, das Sie sich ausgesucht haben, war mein Hund.«

Sie kennen ja bestimmt das Phänomen von Fremdbild und Selbstbild. Eine weitgehende Übereinstimmung ist immer ein Zeichen von klaren Botschaften der Marke Ich! Vielleicht stellen Sie sich einmal selbst in einer ruhigen Minute folgende drei Fragen:

1.) Wenn wir einen ehemaligen Arbeitgeber fragen würden, würde der uns sagen, dass Sie ein humorvoller Mensch sind?

2.) Wenn Sie die Chance hätten, ein kreativ anregendes und von Leichtigkeit dominiertes Arbeitsumfeld zu schaffen, wie konkret würde das aussehen? Wenn Sie dürften, wie Sie wollten – wie und in welcher Form würden Sie Spaß und Freude in Ihr Unternehmen bringen?

3.) Wenn man Ihre derzeitigen Kollegen fragen würde, worüber Sie mit Ihnen am meisten gelacht haben, was würden diese erzählen?

Und wenn Sie diese Fragen ehrlich beantwortet haben, dann sind Sie ideal vorbereitet für den: HUMORTEST.

Quatsch! Ein amüsanter Test mit ernsten Hintergedanken, für Teamleiter, Führungskräfte und andere Business-Menschen, der Ihnen ein wenig die Richtung über die nächsten Schritte Ihrer ganz persönlichen Humorkultur weisen kann! Wenn Sie es wollen.

1.) Der neue Mitarbeiter kommt zu spät in sein erstes Teammeeting. Wie reagieren Sie?
○ Ich weise ihn kurz, aber bestimmt zurecht, wie die Spielregeln in unserem Unternehmen sind. (1)
○ Ich mache eine humorvolle Bemerkung, die jedoch eine klare Botschaft transportiert, nämlich: »Bitte pünktlich kommen!« (5)
Ich übergehe es einfach. (3)

2.) Der Gemeinschaftsraum ist zum wiederholten Male in einem desolaten, chaotischen, unaufgeräumten Zustand von Ihren Mitarbeitern hinterlassen worden. Von anderen Abteilungen gibt es Beschwerden. Wie reagieren Sie?
○ Ich schreibe eine ernste E-Mail an alle Teammitglieder und drohe mit Konsequenzen. (3)
○ Ich schreibe eine offene, persönliche, humorvolle E-Mail und lasse dennoch die Wichtigkeit, hier sofort Abhilfe zu schaffen, klar durchblicken. (5)
○ Ich lade alle spontan in den Gemeinschaftsraum ein und initiiere vor Ort einen kreativen »Blitzblank Designwettbewerb« unter dem Motto »Sauberkeit in zehn Minuten!« (4)
○ Ich antworte den Beschwerdeführern der anderen Abteilungen mit der Aufforderung, doch lieber selbst vor der eigenen Tür zu kehren. (1)

3.) Meine jährliche Projektpräsentation eröffne ich mit:
○ einem kurzen Rückblick auf die Highlights des letzten Jahres; (1)
○ einer, spektakulären, kurzen Überraschungsinszenierung, die mir niemand zugetraut hat; (5)
○ einer persönlichen Geschichte, die zum Thema des Vortrags überleitet; (3)

4.) Wenn ich neue Mitarbeiter einstelle oder neue Geschäftspartner suche dann gilt für mich grundsätzlich folgende Wertigkeit:
○ 1.) Kompetenz 2.) Leistungsbereitschaft 3.) Humor (2)
○ 1.) Humor 2.) Kompetenz 3.) Leistungsbereitschaft (4)
○ 1.) Leistungsbereitschaft 2.) Humor 3.) Kompetenz (3)
○ 1.) Leistungsbereitschaft 2.) Kompetenz 3.) Humor (2)
○ 1.) Kompetenz 2.) Humor 3.) Leistungsbereitschaft (3)
○ 1.) Humor 2.) Leistungsbereitschaft 3.) Kompetenz (4)

5.) Um die interne Kommunikation zu fördern:
○ plane ich strukturiert jedes Teamevent nach strategischen Überlegungen zu fixen Zeiten; (2)
○ neben fixen Events wie Jahresendfeiern überrasche ich meine Kollegen und mein Team mit spontanen Aktionen, wobei ich mich dabei auch selbst sehr humorvoll ins Spiel bringe; (5)
○ ich glaube, dass Teamevents, Feste und soziale Kommunikation durchaus ihren Stellenwert haben, ich persönlich diesen jedoch für klar überbewertet halte. (1)

6.) Ich lache am liebsten:
○ über lustige Filme, Kabarett und Comedians; (4)
○ über die Hoppalas und Fehler anderer; (3)
○ über meine eigenen Fehler und generell über mich selbst; (5)
○ gar nicht so gerne, da es für mich in meiner Funktion/Position nicht viel zu lachen gibt. (0)

7.) Schauen Sie sich einmal in den Spiegel (JETZT). Was sehen Sie dort? Einen Menschen mit:
○ mehr Lachfalten; (5)
○ mehr Zornesfalten; (0)
○ es sind so viele Falten, die kann ich gar nicht unterscheiden; (4)
○ Falten, was ist das? (4)

8.) Humor hat in meinem Leben folgenden Stellenwert:
○ Humor ist mir in allen Lebenslagen sehr wichtig. (5)

○ Humor hat im Job nichts verloren, privat bin ich jedoch ein sehr humorvoller Mensch. (3)
○ Andere soziale Kompetenzen sind für mich wichtiger. (1)
○ Will man im Business erfolgreich sein, so ist Humor auf längere Sicht gesehen eher kontraproduktiv. (0)

9.) Sie kommen auf eine Party und stellen fest, dass ein anderer Gast das gleiche Kleid (das gleiche Hemd oder die gleiche Krawatte) trägt wie Sie. Wie reagieren Sie?
○ Sie hoffen, dass es niemandem auffällt und meiden die Nähe des anderen Gastes. (0)
○ Sie schmunzeln darüber und sprechen den anderen Gast gezielt darauf an. (4)
○ Sie gehen nach Hause und ziehen sich um. (1)

10.) Sie verletzten sich beim Minigolf (!) das Seitenband Ihres rechten Knöchels und tragen Gips. Ihre Freunde wollen wissen, wie es zu diesem Unfall kam. Was erzählen Sie?
○ Ich erzähle die wahre Geschichte und mache mich dann gemeinsam mit meinen Freunden über meine Tollpatschigkeit lustig. (5)
○ Ich erfinde eine spektakuläre Horrorstory wie: »Es ist mir beim Sprung über eine Schneewechte beim Heli-Skiing passiert!« (4)
○ Sie bitten Ihre Freunde, nicht nach Details des Unfalls zu fragen, da Sie nicht darüber reden möchten. (0)

Auswertung
33–48 Punkte ...
Sie sind ein sehr humorvoller Mensch und sehen das Leben durchwegs positiv. Sie strotzen vor Selbstvertrauen und sind auch immer bestrebt, Ihre Mitmenschen mit Ihrer guten Laune anzustecken und zu motivieren. Sie nehmen es auch in Kauf, dass Sie aufgrund Ihrer positiven Ausstrahlung und Ihres humorvollen Lebensstils auch manchmal von mieselsüchtigen, humorlosen Menschen skeptisch betrachtet und belächelt werden, da diesen Zeitgenossen das Verständnis für Ihre fröhliche Lebenseinstellung fehlt. Lassen Sie sich durch

diese nicht entmutigen. Sie sind auf der humorvollen Straße der Sieger!

17–31 Punkte ...
Sie gehören zum Durchschnitt unserer löblichen Gesellschaft, was keineswegs abwertend klingen soll – ganz im Gegenteil: Sie sind prinzipiell offen für einen humorvollen Lebens- und Führungsstil, haben aber aufgrund diverser Erfahrungen oder Ihrer Persönlichkeitsstruktur erkannt, dass Humor manchmal auch kontraproduktiv sein kann. Sie haben weiters gelernt, dass Distanz und Respekt wichtige Parameter für ehrlichen und authentischen Humor ist. Mit ein wenig Mut haben Sie durchaus das Potenzial, weiter in die motivierende Welt der strategischen Heiterkeit einzudringen und zu einem erfolgreichen Humorbotschafter zu werden.

1–16 Punkte ...
Sie gehen sehr sensibel und vorsichtig mit dem Thema Humor um. Derzeit besitzt er in Ihrem Leben eine eher untergeordnete Rolle. Das Thema Freude und Lachen ist Ihnen zwar nicht ganz fremd, hört aber in jedem Fall dann auf, wenn es um Ihre eigene Person, Ihre Funktion oder Ihre Position in einem System geht. Hier hört nämlich der Spaß für Sie auf! Das ist zwar schade, da Sie hier enormes Potenzial verschenken, aber vielleicht sind Sie gerade in jenem inneren Umbruchprozess, der Ihnen neue Perspektiven des Humors eröffnet. Lassen Sie sich also nicht so leicht in eine schlechte Stimmung bringen, sondern entdecken Sie Humor als entspannendes, sympathisches und verbindendes Kommunikationsmittel für sich.

0 Punkte: Sie haben den Test nicht gemacht.

Nachwort

Nun sind wir am Ende, was für Sie vielleicht ein neuer Anfang bedeutet. Zum Abschluss jedoch noch ein paar provokative Ansätze und einige offen gebliebene Fragen.

Zum kulturellen Aspekt: Allein im deutschsprachigen Raum gibt es offensichtlich Unterschiede zwischen deutschem, Schweizer und österreichischem Humor. Wie gehen international tätige Konzerne mit diesen Kulturunterschieden um? Nicht nur in der Kommunikation der Firmen untereinander, sondern auch dann, wenn Mitarbeiter versetzt werden? Wird dieser Aspekt berücksichtigt und in welchem Ausmaß?

Eine weitere wichtige Frage: Welche Rolle spielt Humor im Geschlechterkampf? Wie wirkt sich das unterschiedliche Humorverständnis der Geschlechter auf die Gesellschaft aus? Vor allem, da Frauen in der Wirtschaft endlich mehr und mehr Führungspositionen einnehmen.

Erstaunlich ist, dass der Spruch »Lachen ist gesund« allgemein bekannt ist, doch außer beim freiwilligen Einsatz der CliniClowns in Krankenhäusern nicht gefördert wird.

Dabei wäre die positive Wirkung des Lachens auch volkswirtschaftlich interessant. Würde Humor bewusst eingesetzt werden, könnte dies z.B. einem Burn-out entgegenwirken. Die Auswirkung auf die Krankenstände, auf die Arbeitsleistung der Mitarbeiter bis hin zur Kostensenkung für das Gesundheitssystem ist nicht abzuschätzen. Möglicherweise könnte eine wissenschaftliche Untersuchung hier einen Durchbruch herbeiführen, da es immerhin volkswirtschaftliche Auswirkungen hätte.

Und schlussendlich bleibt für mich eine sehr wichtige Frage offen: Wenn eine humorvolle Atmosphäre so viele positive Effekte hat, warum wird der Einsatz von Humor nicht gefördert? Warum wird dieses Kommunikationsinstrument weiterhin unterschätzt und nicht generalisiert? Warum ist der Umgang mit und der Einsatz von Humor nicht schon längst Bestandteil unserer Aus- und Weiterbildung?

Vielleicht ist dieses Buch eine weitere Motivation, ein kleiner, weiterer Impuls für die Verantwortlichen unseres Bildungssystems, über diese große Chance, die brachliegt, zukunftsorientiert nachzudenken und Humor in Unternehmen sinnvoll und strategisch zu fördern. Ich würde es mir von Herzen wünschen.

Die Dank-Stelle

– oder was, wer von wem, wie und wann und warum überhaupt?

Ich bedanke mich bei meinen Freunden und Zauberkollegen Rudi Heuer und Christian Lehotzky, mit denen ich nicht nur viele gemeinsame Bühnenerlebnisse teilen durfte, sondern auch durch einige spannende und humorgeladene Brainstormingprozesse gegangen bin. Viele Präsentationsideen und Kundenverblüffungen sind dadurch entstanden.

Ich danke meinem Arztkollegen Dr. Johann Hohenecker, der mich als Oberarzt während meiner Ausbildung begleitet hat und von dem ich nicht nur fachlich, sondern auch viel an menschlicher Patientenkommunikation gelernt habe. Die Nachtdienste waren zudem nicht nur sehr lehrreich, sondern auch kulinarisch äußerst wertvoll.

Ich bedanke mich bei meinem Freund Dr. Gerhard Wildauer, der mich nicht nur durch seine Freundschaft und seine humorvolle Art sehr bereichert, sondern mich auch immer wieder mit genialen Fundstücken und Humortorpedos aus dem Internet versorgt. Nicht nur einmal hat er es damit geschafft, meinen Powerserver komplett lahm zu legen.

Eine große, wahrlich wortgewaltige Hilfe war mir Axel Ebert, der mich bei Titelfindung und Wording kreativ unterstützt hat. Sein Gemeinschaftsunternehmen www.wortwelt.at kann ich allen nur sehr empfehlen.

Danke auch an die einzigartige Gabi Koller, die sich spontan bereit erklärt hat, mit ihrem grammatikalischen Feingefühl alle Fehler und Fehlerinnen aus dem Manuskript zu entfernen. Ich weiß aber nicht, wofür sie die alle braucht.

Ich danke meinen charmanten und mitreißenden Co-Trainerinnen Sigrid Tschiedl, Nadja Maleh, Tamara Prömer und Dagmar Hinner-Hofstätter mit denen ich seit einigen Jahren das Thema Humor als wichtigen Erfolgsfaktor in Business-Seminaren vermittle. Es macht immer wahnsinnig – äh – wahnsinnig Spaß mit Euch!!

Ich danke selbstverständlich Dagmar Olzog vom Kösel Verlag, die mich stetig und beharrlich motiviert hat, dieses Buch zu schreiben. Mit Erfolg, wie man sieht!

Da fällt mir ein: Ich danke natürlich meinen Eltern, ohne deren frucht-bare, innige Zusammenarbeit ich nicht erschienen wäre!

Großer Dank ergeht natürlich an meine Managerin, Beraterin und Kundendompteuse Martina Kapral. Humor ist auch ihr in die Wiege gelegt worden, sie reüssiert mit ihrer Agentur, der HumorAG, und vermittelt begeistert Humoragisten der unterschiedlichsten Branchen und Genres. Unsere Kreativ-Meetings, meist während langer Auto-fahrten abgehalten (sie fährt – ich meete) sind geprägt von einem Feuerwerk an Humorideen und gegenseitiger künstlerischer Befruch-tung (hoffentlich liest meine Frau nicht diese Zeilen). Danke Martina, für deine tolle Arbeit!

Und last but not least danke ich dem Menschen, dem ich am meisten zu verdanken habe, meiner lieben Frau Margit. Nicht nur, dass sie mir regelmäßig und mit großer Sorgfalt alle Stolpersteine und Hürden aus dem Weg räumt, nicht nur, dass sie mich immer wieder motiviert hat, wenn ich eine kreative Schaffenspause oder einfach keine Lust hatte, nicht nur, weil sie mit Aspekten und vielen Ideen ihrer Masterarbeit zum Thema Humor im Führungsverhalten dieses Buch maßgeblich bereichert hat, nicht nur, weil sie immer wieder Inspirationen, Vorschläge und neue Blickwinkel in das Projekt eingebracht hat, sondern vor allem, weil sie mit großer Liebe, mit irrsinnig viel Herz und Zuneigung seit 20 Jahren an meiner Seite ist und mich zu dem gemacht hat, was ich heute bin. Ohne dich, Frau Szeliga, wäre dieses Buch, auf das ich total stolz bin, nicht in dieser Form entstanden. Vielleicht sogar überhaupt nicht! Danke, danke, danke, mein Schatz!

Literatur

... oder Ehre, wem Ehre gebührt

Es wird immer schwieriger, trotz oder gerade wegen der Internet- und Google-Mania, alle jene Quellen zu finden, die Input für dieses Buch geliefert haben.

Ich habe dennoch mit viel Aufwand versucht, weiter unten all jene maßgeblichen und relevanten Ideengeber und Impulslieferanten aufzulisten. Wenn ich jemanden vergessen habe, was mit hoher Wahrscheinlichkeit der Fall ist, dann auf keinen Fall in böser Absicht. Und demjenigen sei hier ganz besonders ausdrücklich und ehrlich gedankt!

Arden, Paul: *Es kommt nicht darauf an, wer du bist, sondern wer du sein willst*. Phaidon 2005

Astor, Willy: *Unverrichter der Dinge: Humor direkt vom Erzeuger. Geschichten und Verzeichnungen aus dem Schlawinerwald.* Kunstmann 2006

Bent, Mike: »Five Steps To Funny«, in: *Magic Magazine*, April 2008, S. 78 ff.

Birkenbihl, Vera F. *Stroh im Kopf?: Vom Gehirn-Besitzer zum Gehirn-Benutzer.* mvg Verlag 2010

Birkenbihl, Vera F. *Humor. An Ihrem Lachen soll man sie erkennen.* mvg Verlag 2005

Braun, Roman: *Die Macht der Rhetorik. Besser reden – mehr erreichen.* Piper 2008

Cerwinka, Gabriele; Schranz, Gabriele: *Die Macht des ersten Ein-*

drucks. Souveränitätstips, Fettnäpfe, Small talks. Tabus. Ueberreuter 2002

Förster, Anja; Kreuz, Peter: *Alles, außer gewöhnlich. Provokative
Ideen für Manager, Märkte, Mitarbeiter.* Econ 2007

Foster, Jack; Corby, Larry; Hazagordzian, Tatjana: *Einfälle für alle
Fälle. Erfinden, Ausdenken und andere Möglichkeiten, Ideen in
die Welt zu setzen.* Redline Wirtschaftsverlag 2005

Frenzel, Karolina; Müller, Michael; Sottong, Hermann: *Storytelling:
Das Harun-al-Raschid-Prinzip. Die Kraft des Erzählens fürs Unternehmen nutzen.* Hanser 2004

Gostick, Adrian; Scott, Christopher: *Das Smiley Prinzip: Warum sich
Lächeln auszahlt.* Wiley CH 2009

Häusel, Hans Georg: *Brain Script. Warum Kunden kaufen.* Haufe
2004

Holtbernd, Thomas: *Der Humor Faktor. Mit Lachen und Humor das
Leben erfolgreich meistern.* Junfermann 2002

Keable, Ian: »A Laugh A Line«, in: *Magic Magazine*, April 2008, S.
82 ff.

Keable, Ian: *The Big Book of Magic Fun.* Barrons Educ Series 2005

Klein, Zamyat M.: *Kreative Geister wecken. Kreative Ideenfindung
und Problemlösungstechniken – ein Seminarkonzept für Trainer*,
Managerseminare 2006

Krauthammer, Eric; Hinterhuber, Hans H.: *Wie werden ich und mein
Unternehmen Nr. 1?*, Hanser 1999

Krogerus, Michael; Tschäppeler, Roman; Earnhart, Philip: *50 Er-
folgsmodelle. Kleines Handbuch für strategische Entscheidungen.*
Kein & Aber 2008

Kushner, Malcolm: *Erfolgreich präsentieren für Dummies. Ihr
Rundum-Sorglos-Paket für sicheres Präsentieren.* mitp 2005

Maak, Michael: *Comedy. 1000 Wege zum guten Gag.* Henschel 2007

Moorstedt, Tobias; Schrenk, Jakob: *Das Jetzikon. 50 Kultobjekte der
Nullerjahre.* rororo 2009

Pöhm, Matthias: *Kontern in Bildern. Schlagfertig antworten in Metaphern.* mvg 2007

Pöhm, Matthias: *Präsentieren Sie noch oder faszinieren Sie schon? Der Irrtum Powerpoint*, mvg 2006

Reynolds, Garr: *Zen oder die Kunst der Präsentation. Mit einfachen Ideen gestalten und präsentieren.* Addison-Wesley 2008

Schimmel, Stefan: *Authentisch präsentieren. Natürlich wirken und inhaltlich bestechen bei Vortrag, Rede und Präsentation nach dem Intomedia-Prinzip.* Intomedia 2008

Schlie, Tania; Rabe, Hubertus; Thiele, Johannes: *Die allerschönsten Geistesblitze. Die witzigsten Zitate und Sprüche der Welt.* Ullstein 2005

Schmitt, Ralf; Voller, Torsten: *Ich bin total spontan – wenn man mir rechtzeitig Bescheid gibt. Von der Kunst, aus dem Bauch heraus zu handeln.* Ariston 2010

Seidl, Conrad; Beutelmeyer, Werner: *Die Marke ICH. So entwickeln Sie Ihre persönliche Erfolgsstrategie,* Redline Wirtschaftsverlag 2006

Sorry, wir haben die Landebahn verfehlt. Alle Kolumnen. Spiegel Online. 24.9.2008

Szeliga, Roman F.: *Aller Unfug ist schwer, Profitipps & Tricks für kreative und humorvolle Moderationen.* Eigenverlag 2009

Uber, Heiner; Steiner, André: *Lach dich locker. So lachen Sie sich erfolgreich, glücklich und gesund.* Goldmann 2006

Ullmann, Eva; Kresse, Albrecht: *Humor im Business. Gewinnen mit Witz und Esprit.* Cornelsen 2008

Wagner, Stefan: *Aufnahme läuft – Ihr erfolgreicher Medienauftritt. Interviews meistern mit dem Intomedia-Prinzip.* Ueberreuter 2010

Watzlawick, Paul: *Wie wirklich ist die Wirklichkeit? Wahn, Täuschung, Verstehen.* Piper, 9. Aufl. 2010

Weitere Inputs und Ideen habe ich gesehen, aufgeschnappt, gefunden, erfahren, gelesen und gehört bei:

Uta Kenda, Ken de Courcy, Walt Hudson, Mark Walker, Tom Ladshaw, Georg Wawschinek, Stefan Wagner, Axel Ebert, Rudi Carrell, Horst Jüssen, Ali Bongo, Sabine Asgodom, Michael Rossié, Philip

Simon, Roland Fähnrich, Joe Bruno, Jim Elbers, Hank Miller, David Charles, John McCollister, Irv Cook, Groucho Marx, Gerald Drews, Sid Lorraine, David Roper, Ernst-Günter Tange, Arthur Bloch, Rapsak Redlah, Werner Sokop, Gerhard Leitner, Rolf Jeromin, Reitfloh Widersinn, Hans Hollweg, Timothy Trust, Aldo Colombini, Jay Leno, Mac King, Bob Hope, Sascha Grammel, Jürgen W. Weil, Erhard Dietl, Karell Fox.

Und denen, die sich jetzt denken, dass ich Ihnen auch zu danken habe, denen, denke ich, danke ich auch noch!

Und ganz zum Schluss …

Seit ich als Vortragender, Trainer und Moderator auf der Bühne stehe (und das sind jetzt schon ein paar Jährchen), bin ich vielen Menschen begegnet. Menschen, die mich inspiriert haben. Menschen, von denen ich viel gelernt habe. Menschen, die mir mit Rat und Tat zur Seite gestanden haben.

All denen gilt mein ganz besonderer Dank!

Sie haben's nun wirklich geschafft, Sie sind am Ende des Buches angelangt. Und – war's anstrengend? Nicht? Das würde mich freuen! Sehr sogar! Und vielleicht sind Sie jetzt auch davon überzeugt: Humor ins Business zu integrieren ist gar keine Hexerei – ganz im Gegenteil!

Geben Sie sich, Ihren Mitarbeitern und Ihren Kunden die Chance, das Lächeln, das Sie in der Früh auf den Lippen haben, bis zum Abend zu bewahren!

Und: Vergessen Sie nicht die wichtigste Fitnessübung, die es gibt: Sich selbst ab und zu mal auf den Arm zu nehmen.

Sie waren eine tolle Leserin und ein toller Leser!
Ich werde Sie weiterempfehlen! Ihr

Dr. Roman F. Szeliga

BILDNACHWEIS

Anleitung zum Misserfolg

JONATHAN BRIEFS

Ich habe keine Lösung
... aber ich bewundere das Problem

Coaching

Provokatives Coaching
für den Berufsalltag

Kösel

>>Jonathan Briefs treibt Denkfehler provokant auf die Spitze – und inspiriert uns dazu, es endlich besser zu machen. Für mehr Erfüllung und Erfolg im Leben.<<

Dr. Petra Bock, Top-Coach und Bestsellerautorin

 Kösel

www.koesel.de